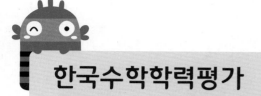

한국수학학력평가
KMA (Korean Mathematics Ability Evaluation)

KB085872

1 KMA 특징

현직 교수, 박사급 출제위원!

1:1 KMA 평가 전문 상담!

AI 교과 기본/응용/심화 + 창의 사고력 도전 평가 빅데이터 결과분석

KMA 한국수학학력평가는 개개인의 현재 수학실력에 대한 면밀한 정보를 제공하고자 인공지능(AI)을 통한 빅데이터 평가 자료를 기반으로 문항별, 단원별 분석과 교과 역량 지표를 분석합니다. 또한 이를 바탕으로 전체 응시자 평균점과 상위 30 %, 10 % 컷 점수를 알고 본인의 상대적 위치를 확인할 수 있습니다.

KMA 한국수학학력평가는 단순 점수와 등급 확인을 위한 평가가 아니라 미래사회가 요구하는 수학 교과 역량 평가지표 5가지 영역을 평가함으로써 수학실력 향상의 새로운 기준을 만들었습니다.

KMA 한국수학학력평가는 평가 후 희망 학부모에 한하여 진단 상담 신청서와 상담 예약서를 작성하여 자녀의 수학학습에 관한 1 : 1 상담을 받을 수 있습니다.

2 KMA/KMAO 평가 일정 안내

구분	일정	내용
한국수학학력평가(상반기 예선)	매년 6월	상위 10% 성적 우수자에 본선 진출권 자동 부여
한국수학학력평가(하반기 예선)	매년 11월	
왕수학 전국수학경시대회(본선)	매년 1월	상반기 또는 하반기 KMA 한국수학학력평가에서 상위 10% 성적 우수자 대상으로 본선 진행

※ 상기 일정은 상황에 따라 변동될 수 있습니다.

3 KMA(하반기) 시험 개요

참가 대상	초등학교 1학년~중학교 3학년
신청 방법	해당지역 접수처에 직접신청 또는 KMA 홈페이지에 온라인 접수
시험 범위	초등 : 2학기 1단원~4단원
	중등 : KMA홈페이지(www.kma-e.com) 참조

※ 초등 1, 2학년 : 25문항(총점 100점, 60분)　　▶ 시험지 內 답안작성
※ 초등 3학년~중등 3학년 : 30문항(총점 120점, 90분)　　▶ OMR 카드 답안작성

4 KMA 평가 영역

KMA 한국수학학력평가에서는 아래 5가지 수학교과역량을 평가에 반영하였습니다.

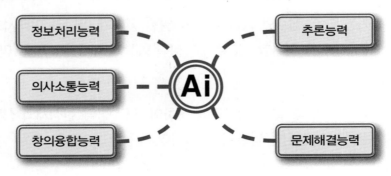

5 KMA 평가 내용

| 교과서 기본 과정 (10문항) | 해당학년 수학 교과과정에서 기본개념과 원리에 기반 한 교과서 기본문제 수준으로 수학적 원리와 개념을 정확히 알고 있는지를 측정하는 문항들로 구성됩니다. |

교과서 기본 과정
(10문항)
해당학년 수학 교과과정에서 기본개념과 원리에 기반 한 교과서 기본문제 수준으로 수학적 원리와 개념을 정확히 알고 있는지를 측정하는 문항들로 구성됩니다.

교과서 응용 과정
(10문항)
해당학년 수학 교과과정의 수학적 원리와 개념을 정확히 알고 기본문제에서 한 단계 발전된 형태의 수준으로 기본과정의 개념과 원리를 다양한 상황에 적용하고 응용 할 수 있는지를 측정하는 문항들로 구성됩니다.

교과서 심화 과정
(5문항)
해당학년의 수학 교과과정의 내용을 정확히 알고, 이를 다양한 상황에 적용하고 응용 하는 능력뿐만 아니라, 문제에서 구하는 내용과 주어진 조건과의 상호 관련성을 파악 하여 문제를 해결할 수 있는지를 측정하는 문항들로 구성됩니다.

창의 사고력 도전 문제
(5문항)
학습한 수학내용을 자유자재로 문제상황에 적용하며, 창의적으로 문제를 해결할 수 있 는 수준으로 이 수준의 문항은 학생들이 기존의 풀이방법에서 벗어나 창의성을 요구하 는 비정형 문항으로 구성됩니다.

※ 창의 사고력 도전 문제는 초등 3학년~중등 3학년만 적용됩니다.

6 KMA 평가 시상

	시상명	대상자	시상내역
개인	금상	90점 이상	상장, 메달
	은상	80점 이상	상장, 메달
	동상	70점 이상	상장, 메달
	장려상	50점 이상	상장
학원	최우수학원상	수상자 다수 배출 상위 10개 학원	상장, 상패, 현판
	우수학원상	수상자 다수 배출 상위 30개 학원	상장, 족자(배너)
	우수지도교사상	상위 10% 성적 우수학생의 지도교사	상장

※ 상위 10% 이내 성적 우수자에 본선(KMAO 왕수학 전국수학경시대회) 진출권 부여

7 KMA OMR 카드 작성시 유의사항

1. 모든 항목은 컴퓨터용 사인펜만 사용하여 보기와 같이 표기하시오.
   보기) ① ● ③
   ※ 잘못된 표기 예시 : ✓ ✗ ● ∅
2. 수정시에는 수정테이프를 이용하여 깨끗하게 수정합니다.
3. 수험번호란과 생년월일란에는 감독 선생님의 지시에 따라 아라비아 숫자로 쓰고 해당란에
3. 표기하시오.
4. 답란에는 아라비아 숫자를 쓰고, 해당란에 표기하시오.
   ※ OMR카드를 잘못 작성하여 발생한 성적 결과는 책임지지 않습니다.

OMR 카드 답안작성 예시 1 한 자릿수	예1) 답이 1 또는 선다형 답이 ①인 경우

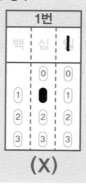

(O)　　(X)　　(X)

OMR 카드 답안작성 예시 2 두 자릿수	예2) 답이 12인 경우

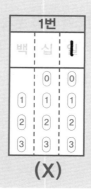

(O)　　(X)　　(X)

OMR 카드 답안작성 예시 3 세 자릿수	예3) 답이 230인 경우

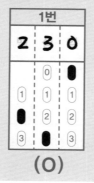

(O)　　(X)　　(X)

8 KMA 접수 안내 및 유의사항

(1) 가까운 지정 접수처 또는 KMA 홈페이지(www.kma-e.com)에서 접수합니다.

(2) 지정 접수처 접수 시, 응시원서를 작성하여 응시료와 함께 접수합니다.
(KMA 홈페이지에서 응시원서를 다운로드 받아 사용 가능)

(3) 응시원서는 모든 사항을 빠짐없이 정확하게 작성합니다.
시험장소는 접수 마감 후 추후 KMA 홈페이지에 공지할 예정입니다.

(4) 초등학교 3학년 응시생부터는 OMR 카드를 사용하여 답안을 작성하기 때문에 KMA 홈페이지에서
OMR 카드를 다운로드하여 충분히 연습하시기 바랍니다.
(OMR 카드를 잘못 작성하여 발생한 성적에 대해서는 책임지지 않습니다.)

(5) 부정행위 또는 타인의 시험을 방해하는 행위 적발 시, 즉각 퇴실 조치하고 당해 시험은 0점 처리
되오니, 이점 유의하시기 바랍니다.

9 KMAO 왕수학 전국수학경시대회(본선)

KMA 한국수학학력평가 성적 우수자(상위 10%) 등을 대상으로 왕수학 전국수학경시대회를 통해 우수한 수학 영재를 조기에 발굴 교육함으로, 수학적 문제해결력과 창의 융합적 사고력을 키워 미래의 우수한 글로벌 리더를 키우고자 본 경시대회를 개최합니다.

참가 대상 및 응시료	KMA 한국수학학력평가 상반기 또는 하반기에서 성적 우수자 상위 10% 해당자로 본선 진출 자격을 받은 학생 또는 일반 참가 학생 ＊본선 진출 자격을 받은 학생들은 응시료를 할인 받을 수 있는 혜택이 있습니다.
대상 학년	초등 : 초3 ~ 초6(상급학년 지원 가능) 　　　※초1~2학년은 본선 시험이 없으므로 초3학년에 응시 자격 부여함. 중등 : 중등 통합 공통과정(학년구분 없음)
출제 문항 및 시험 시간	주관식 단답형(23문항), 서술형(2문항) 시험 시간 : 90분 ＊풀이 과정에 따른 부분 점수가 있을 수 있습니다.
시험 난이도	왕수학(실력), 점프왕수학, 응용왕수학, 올림피아드왕수학 수준

＊ 시상 및 평가 일정 등 자세한 내용은 KMA 홈페이지(www.kma-e.com)에서 확인 하실 수 있습니다.

교재의 구성과 특징

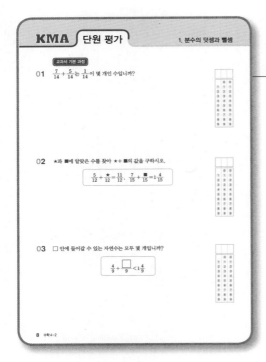

단원평가

KMA 시험을 대비할 수 있는 문제 유형들을 단원별로 정리하여 수록하였습니다.

실전 모의고사

출제율이 높은 문제를 수록하여 KMA 시험을 완벽하게 대비할 수 있도록 합니다.

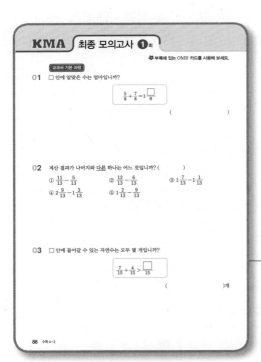

최종 모의고사

KMA 출제 위원과 검토 위원들이 문제 난이도와 타당성 등을 모두 고려한 최종 모의고사를 통하여 KMA 시험을 최종적으로 대비할 수 있도록 하였습니다.

Contents

교과서 기본 과정

01 $\frac{7}{14}+\frac{5}{14}$ 는 $\frac{1}{14}$ 이 몇 개인 수입니까?

02 ★과 ■에 알맞은 수를 찾아 ★+■의 값을 구하시오.

$$\frac{5}{12}+\frac{★}{12}=\frac{11}{12}, \quad \frac{7}{15}+\frac{■}{15}=1\frac{4}{15}$$

03 □ 안에 들어갈 수 있는 자연수는 모두 몇 개입니까?

$$\frac{4}{9}+\frac{\boxed{}}{9}<1\frac{4}{9}$$

04 계산 결과가 가장 큰 것은 어느 것입니까?

① $\dfrac{9}{5} + \dfrac{7}{5}$ 　　　② $1\dfrac{2}{5} + \dfrac{4}{5}$ 　　　③ $\dfrac{3}{5} + 1\dfrac{4}{5}$

④ $2\dfrac{1}{5} + \dfrac{3}{5}$ 　　　⑤ $\dfrac{4}{5} + 2\dfrac{1}{5}$

05 그릇에 $\dfrac{4}{5}$ L의 물이 들어 있습니다. 이 그릇에 $\dfrac{3}{5}$ L의 물을 더 부으면 $\bigcirc\dfrac{\boxdot}{\boxminus}$ L가 됩니다. 이때 $\bigcirc + \boxdot + \boxminus$의 값은 얼마입니까?

06 지혜는 동화책을 오전에 $1\dfrac{1}{6}$ 시간, 오후에 $2\dfrac{5}{6}$ 시간 동안 읽었습니다. 지혜는 모두 몇 시간 동안 책을 읽었습니까?

07 ㉮에 알맞은 분수를 $㉠\dfrac{㉢}{㉡}$으로 나타낼 때, $㉠+㉡+㉢$의 값은 얼마입니까?

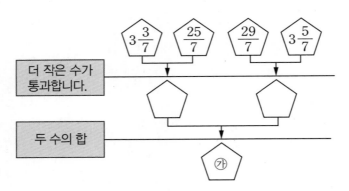

08 예슬이네 집에는 2 L짜리 주스가 한 병 있습니다. 예슬이가 $\dfrac{1}{8}$ L를 마신다면 남는 주스의 양은 $㉠\dfrac{㉢}{㉡}$ L가 됩니다. 이때 $㉠+㉡+㉢$의 값은 얼마입니까?

09 가장 큰 수와 가장 작은 수의 차를 $㉠\dfrac{㉢}{㉡}$이라고 할 때, $㉠+㉡+㉢$의 값은 얼마입니까?

$$3\dfrac{2}{3} \qquad \dfrac{10}{3} \qquad 2\dfrac{1}{3} \qquad 4$$

10 다음을 계산하면 얼마입니까?

$$4\frac{1}{4} - 2\frac{3}{4} + 5\frac{2}{4}$$

11 □ 안에 알맞은 분수를 $\bigcirc\dfrac{\textcircled{\tiny ㄷ}}{\textcircled{\tiny ㄴ}}$이라고 할 때, $\bigcirc + \textcircled{\tiny ㄴ} + \textcircled{\tiny ㄷ}$의 값은 얼마입니까?

$$7\frac{14}{23} + 3\frac{21}{23} = \boxed{} + 2\frac{18}{23}$$

12 똑같은 곰인형 2개가 들어 있는 상자의 무게는 $3\dfrac{7}{10}$ kg이고, 이 상자에서 곰인형 1개를 빼냈을 때의 무게를 재었더니 $2\dfrac{4}{10}$ kg이었습니다. 빈 상자의 무게가 $\bigcirc\dfrac{\textcircled{\tiny ㄴ}}{10}$ kg이라고 할 때 $\bigcirc + \textcircled{\tiny ㄴ}$의 값을 구하시오.

교과서 응용 과정

13 어떤 수에 $2\frac{4}{15}$ 를 더해야 할 것을 잘못하여 빼었더니 $8\frac{7}{15}$ 이 되었습니다. 바르게 계산하면 얼마입니까?

14 네 변의 길이의 합이 120 m인 직사각형 모양의 꽃밭이 있습니다. 가로가 $45\frac{2}{5}$ m이면 세로는 $⊙\frac{ⓒ}{ⓛ}$ m라고 할 때, $⊙+ⓛ+ⓒ$의 값은 얼마입니까?

15 ㉮, ㉯, ㉰, ㉱ 네 개의 마을이 있습니다. ㉮ 마을에서 ㉯ 마을까지의 거리는 ㉰ 마을에서 ㉱ 마을까지의 거리보다 $\frac{ⓛ}{⊙}$ km 더 짧다고 할 때, $⊙+ⓛ$의 값은 얼마입니까?

16 가영이는 길이가 $4\frac{5}{16}$ m인 철사 중에서 $\frac{8}{16}$ m를 사용하였고, 석기는 길이가 $6\frac{7}{16}$ m인 철사 중에서 $3\frac{9}{16}$ m를 사용하였습니다. 사용하고 남은 철사의 길이의 차를 $\frac{\bigcirc}{\bigcirc}$ m라고 할 때, ㉠+㉡의 값은 얼마입니까?

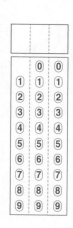

17 길이가 $12\frac{2}{5}$ cm인 테이프 5개를 그림과 같이 $\frac{2}{5}$ cm씩 겹치게 이어 붙였습니다. 이어 붙인 테이프의 전체 길이를 $㉠\frac{㉢}{㉡}$ cm라 하면 ㉠+㉡+㉢의 값은 얼마입니까?

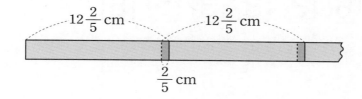

18 무게가 $\frac{3}{8}$ kg인 바구니에 사과 1개를 넣어 무게를 재면 $\frac{5}{8}$ kg이고 배 한 개를 넣어 무게를 재면 $1\frac{1}{8}$ kg입니다. 바구니에 사과 5개와 배 3개를 모두 넣어 무게를 재면 $㉠\frac{㉡}{8}$ kg이라고 할 때, ㉠+㉡의 값은 얼마입니까?

19 9를 분모로 하는 두 가분수의 합은 $5\frac{7}{9}$입니다. 한 가분수의 분자가 다른 가분수의 분자보다 4만큼 크다고 할 때, 두 가분수 중 작은 분수의 분자는 얼마입니까?

20 6장의 숫자 카드를 한 번씩만 사용하여 분모가 같은 두 대분수를 만들었습니다. 두 대분수의 차가 가장 클 때의 값을 $\bigcirc\frac{\bigcirc}{8}$이라고 할 때, $\bigcirc+\bigcirc$의 값은 얼마입니까?

6 2 8 3 5 8

교과서 심화 과정

21 다음 대분수의 뺄셈식에서 $\bigcirc+\bigcirc$의 값이 가장 클 때, $\bigcirc+\bigcirc$의 값을 구하시오.

$$5\frac{\bigcirc}{9}-2\frac{\bigcirc}{9}>3\frac{2}{9}$$

22 다음과 같이 수를 규칙적으로 늘어놓았습니다. 50번째 수부터 57번째 수까지의 합을 구하시오.

$$\frac{7}{10} \quad 1\frac{8}{10} \quad \frac{9}{10} \quad \frac{6}{10} \quad \frac{7}{10} \quad 1\frac{8}{10} \quad \frac{9}{10} \quad \frac{6}{10} \quad \frac{7}{10} \cdots$$

23 다음 대분수의 덧셈식에서 □ 안에 공통으로 들어갈 수 있는 수를 모두 찾아 합을 구하면 얼마입니까?

$$5\frac{\square}{9} + 3\frac{1}{9} < 9\frac{1}{9} \qquad 2\frac{3}{7} + 3\frac{\square}{7} < 6\frac{1}{7}$$

24 바구니 안에 무게가 같은 책 4권을 넣고 무게를 재어 보니 $7\frac{1}{5}$ kg이었습니다. 책 2권을 꺼내고 다시 무게를 재어 보니 $4\frac{2}{5}$ kg이었습니다. 빈 바구니 안에 책 1권을 넣고 무게를 재면 몇 kg이 되겠습니까?

25 길이가 $3\frac{5}{8}$ m인 막대가 있습니다. 이 막대를 연못의 바닥에 닿도록 넣었다가 꺼낸 후 다시 거꾸로 하여 연못에 넣었다가 꺼냈더니 막대가 물에 젖지 않는 부분이 $\frac{3}{8}$ m였습니다. 연못의 깊이를 $\bigcirc\frac{\bigcirc}{\bigcirc}$ m라고 할 때, $\bigcirc+\bigcirc+\bigcirc$의 값은 얼마입니까?

창의 사고력 도전 문제

26 다음 덧셈식을 성립시키는 (♥, ★)은 모두 몇 가지입니까? (단, ♥와 ★은 서로 다른 자연수입니다.)

$$\frac{♥}{8}+\frac{★}{8}=3$$

27 월요일부터 일요일까지 쉬지 않고 제품을 생산하는 공장이 있습니다. 이 공장의 제품 생산량이 다음과 같을 때 월요일과 화요일의 제품 생산량의 합은 $\bigcirc\frac{\bigcirc}{25}$ t입니다. 이때 $\bigcirc+\bigcirc$의 값은 얼마입니까?

- 월요일부터 목요일까지의 생산량의 합은 $7\frac{8}{25}$ t입니다.
- 목요일부터 일요일까지는 매일 같은 양을 생산합니다.
- 일주일 동안의 생산량의 합은 $11\frac{4}{25}$ t입니다.
- 수요일의 생산량은 목요일의 생산량보다 $1\frac{4}{25}$ t 많습니다.

28 다음 식에서 ★＋▲의 값은 얼마입니까?

$$\frac{★}{8} - \frac{3}{8} + \frac{▲}{8} + \frac{★}{8} - \frac{3}{8} + \frac{▲}{8} + \frac{★}{8} - \frac{3}{8} + \frac{▲}{8} = 6$$

29 분모가 12인 세 가분수 ㉠, ㉡, ㉢이 있습니다. 세 가분수의 분자는 ㉠이 ㉡보다 4 작고 ㉢은 ㉡보다 8 크다고 합니다. 세 가분수의 합이 $4\frac{7}{12}$일 때 가장 큰 가분수의 분자는 얼마입니까?

30 다음과 같은 규칙으로 늘어놓은 분수들의 합을 구하면 얼마입니까?

$$1\frac{1}{11}, \, 2\frac{2}{11}, \, 3\frac{3}{11}, \, 4\frac{4}{11}, \, \cdots, \, 10\frac{10}{11}$$

교과서 기본 과정

01 세 변의 길이가 각각 4 cm, 6 cm, 4 cm인 삼각형은 어떤 삼각형인지 번호를 쓰시오.

① 예각삼각형   ② 직각삼각형
③ 이등변삼각형   ④ 정삼각형

02 다음 중 설명이 옳지 <u>않은</u> 것은 어느 것입니까?

① 이등변삼각형은 정삼각형입니다.
② 정삼각형의 한 각의 크기는 60°입니다.
③ 이등변삼각형은 두 각의 크기가 같습니다.
④ 세 변의 길이가 같은 삼각형을 정삼각형이라고 합니다.
⑤ 두 변의 길이가 같은 삼각형을 이등변삼각형이라고 합니다.

03 이등변삼각형입니다. □ 안에 알맞은 수는 얼마입니까?

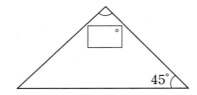

04 이등변삼각형입니다. 각 ㄴㄱㄷ의 크기는 몇 도입니까?

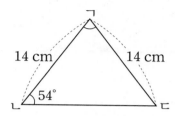

05 사각형에서 둔각은 몇 개입니까?

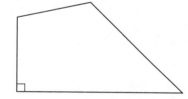

06 둔각삼각형을 바르게 설명한 것은 어느 것입니까?

① 세 각의 크기가 각각 60°인 삼각형
② 세 각 중 한 각의 크기가 직각인 삼각형
③ 세 각의 크기가 모두 직각보다 작은 삼각형
④ 세 각 중 한 각의 크기가 둔각인 삼각형
⑤ 세 각의 크기가 모두 직각보다 큰 삼각형

07 직사각형 모양의 종이를 선을 따라 오려서 여러 개의 삼각형을 만들 때 둔각삼각형은 예각삼각형보다 몇 개 더 많습니까?

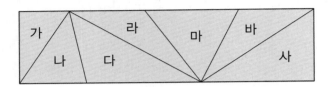

08 오른쪽 그림에서 삼각형 ㄹㄴㄷ은 정삼각형 입니다. 각 ㄱㄹㄷ의 크기는 몇 도입니까?

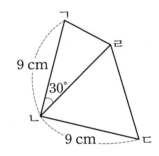

09 그림에서 찾을 수 있는 크고 작은 예각삼각형의 개수와 둔각삼각형의 개수의 차를 구하시오.

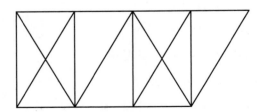

10 오른쪽 도형에서 ㉮의 크기는 몇 도입니까?

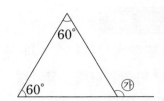

11 오른쪽 도형은 모두 정삼각형으로 이루어진 도형입니다. 이 도형에서 찾을 수 있는 크고 작은 정삼각형은 모두 몇 개입니까?

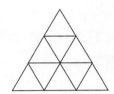

12 오른쪽 그림은 정사각형과 이등변삼각형으로 이루어진 도형입니다. 이등변삼각형의 둘레의 길이가 50 cm일 때, 도형 전체의 둘레의 길이는 몇 cm입니까?

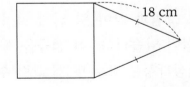

18 cm

교과서 응용 과정

13 오른쪽 도형에서 변 ㄱㅅ과 변 ㄴㄹ은 서로 평행합니다. 삼각형 ㄱㄴㄷ의 세 변의 길이의 합이 30 cm일 때, 변 ㄴㄷ의 길이는 몇 cm입니까?

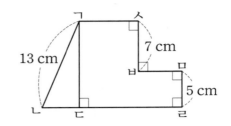

14 오른쪽 그림에서 변 ㄱㄹ과 변 ㄹㄷ의 길이가 같을 때, 각 ㄹㄷㄴ의 크기를 구하시오.

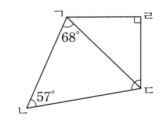

15 오른쪽 그림과 같이 원 위에 일정한 간격으로 6개의 점이 있습니다. 이 점들을 꼭짓점으로 하는 이등변삼각형은 모두 몇 개 그릴 수 있습니까?

16 오른쪽 그림과 같이 크기가 같은 이등변 삼각형 2개를 붙여서 사각형 ㄱㄴㄷㄹ을 만들었습니다. 사각형 ㄱㄴㄷㄹ의 둘레의 길이는 몇 cm입니까?

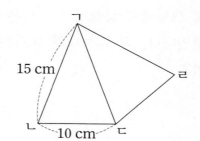

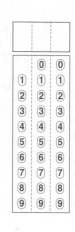

17 오른쪽 그림에서 □ 안에 알맞은 수는 얼마입니까?

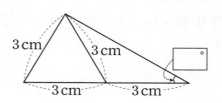

18 오른쪽 그림에서 삼각형 ㄱㄴㅁ은 정삼각형이고, 사각형 ㄴㄷㄹㅁ은 정사각형입니다. 각 ㄱㄷㅁ의 크기를 구하시오.

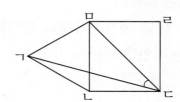

19 오른쪽 그림에서 삼각형 ㄱㄴㄷ은 이등변 삼각형입니다. 각 ㄴㄱㄷ의 크기는 몇 도 입니까?

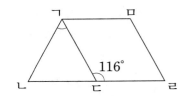

⓪ ⓪	
① ①	
② ②	
③ ③	
④ ④	
⑤ ⑤	
⑥ ⑥	
⑦ ⑦	
⑧ ⑧	
⑨ ⑨	

20 유승이는 길이가 3 m인 철사로 한 변의 길이가 8 cm인 정삼각형을 만들려고 합니다. 유승이는 정삼각형을 최대 몇 개까지 만들 수 있습 니까?

교과서 심화 과정

21 다음은 어느 예각삼각형의 두 각의 크기를 나타낸 것입니다. ★이 될 수 있는 자연수 중에서 가장 작은 자연수는 얼마입니까?

$$62°, ★°$$

22 그림과 같은 규칙으로 한 변의 길이가 8 cm인 정삼각형을 20개 그렸을 때, 그 도형의 둘레는 몇 cm입니까?

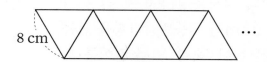

23 삼각형 ㄱㄴㄷ은 이등변삼각형입니다. □ 안에 알맞은 수는 얼마입니까?

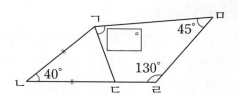

24 오른쪽 그림의 □ 안에 알맞은 수는 얼마입니까?

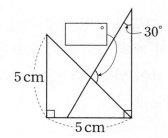

25 철사를 겹치지 않게 사용하여 오른쪽과 같이 긴 변과 짧은 변의 길이의 차가 12 cm인 이등변삼각형을 만들었습니다. 같은 길이의 철사를 사용하여 긴 변과 짧은 변의 길이의 차가 9 cm인 이등변삼각형을 만들 때 이등변삼각형의 짧은 변이 될 수 있는 길이를 모두 찾아 합을 구하면 몇 cm입니까?

7 cm

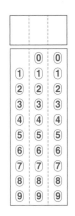

창의 사고력 도전 문제

26 오른쪽 그림과 같이 9개의 점이 일정한 간격으로 놓여 있습니다. 이 점들을 꼭짓점으로 하여 만들 수 있는 크고 작은 정삼각형은 모두 몇 개입니까?

---

27 오른쪽 그림과 같이 다섯 개의 변의 길이가 같고, 다섯 개의 각의 크기가 모두 같은 도형 ㄱㄴㄷㄹㅁ이 있습니다. ㉮와 ㉯의 각도의 합을 구하시오.

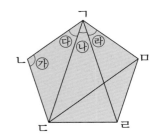

28 오른쪽 도형에서 사각형 ㄴㄷㄹㅁ은 정사각형이고, 삼각형 ㄱㄴㅁ은 변 ㄱㅁ과 변 ㄴㅁ의 길이가 같은 이등변삼각형입니다. 각 ㄱㄴㅂ이 70°일 때, ㉠의 크기는 몇 도입니까?

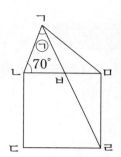

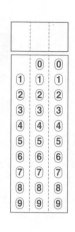

29 오른쪽과 같이 7개의 점이 일정한 간격으로 놓여 있습니다. 점과 점을 이어서 만들 수 있는 크고 작은 이등변삼각형은 모두 몇 개입니까?

30 오른쪽 그림에서 삼각형 ㄱㄴㄷ은 정삼각형이고, 삼각형 ㄴㄷㄹ과 삼각형 ㄴㅁㄹ은 이등변삼각형입니다. 이때 각 ㄴㄷㄹ의 크기는 몇 도입니까?

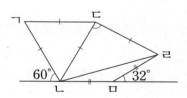

교과서 기본 과정

01 1이 8개, 0.1이 6개, 0.01이 7개인 수를 ★이라 할 때 ★×100의 값은 얼마입니까?

02 ㉠이 나타내는 값은 ㉡이 나타내는 값의 몇 배입니까?

$$4.725$$
㉠ ㉡

03 생략할 수 있는 0이 들어 있는 소수는 모두 몇 개입니까?

0.072   0.57   2.320   10.53   24.30

04 □ 안에는 0부터 9까지의 숫자가 들어갈 수 있습니다. 세 수의 크기를 비교하여 가장 큰 수부터 차례로 기호를 쓴 것은 어느 것입니까?

> ㉠ 0.□42   ㉡ 15.□13   ㉢ □.96

① ㉠, ㉡, ㉢   ② ㉡, ㉠, ㉢   ③ ㉡, ㉢, ㉠

④ ㉢, ㉠, ㉡   ⑤ ㉢, ㉡, ㉠

05 □ 안에 들어갈 수들의 합을 구하시오.

> ㉠ 0.357은 35.7의 $\frac{1}{\square}$배입니다.
>
> ㉡ 25.9는 0.259의 □배입니다.
>
> ㉢ 0.107은 1.07의 $\frac{1}{\square}$배입니다.

06 다음 중 바르게 나타내지 <u>않은</u> 것은 어느 것입니까?

① 8 cm＝0.08 m   ② 3208 m＝3.208 km

③ 6 m＝0.006 km   ④ 487 mm＝48.7 cm

⑤ 500 cm＝0.05 km

07 삼각형의 세 변의 길이의 합을 ㉮ m라고 할 때, ㉮×100의 값은 얼마입니까?

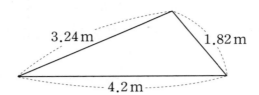

08 가장 큰 수와 가장 작은 수의 차를 ★이라 할 때, ★×100의 값은 얼마입니까?

| 2.3   1.06   3.02   4.8   3.24 |

09 □ 안에 알맞은 수를 ㉮라고 할 때, ㉮×100의 값은 얼마입니까?

$$2.08+4.93-\boxed{}=5.81$$

10 ㉠, ㉡, ㉢, ㉣에 알맞은 숫자를 모두 찾아 합을 구하면 얼마입니까?

$$\begin{array}{r} ㉠.㉡\,8\,3 \\ +\;1.6\,㉢ \\ \hline 2.3\,2\,㉣ \end{array}$$

11 네 변의 길이의 합이 86 cm인 직사각형이 있습니다. 가로가 23.5 cm 라면 세로는 □ cm입니다. 이때 □ × 10의 값은 얼마입니까?

12 동민이는 버스를 타고 8.3 km를 가다가 내려서 850 m를 걸어갔습니다. 동민이가 간 거리를 ㉮ km라고 할 때, ㉮ × 100의 값은 얼마입니까?

교과서 응용 과정

13 무게가 480 g인 바구니에 포도를 담아서 무게를 재어 보니 1.2 kg이 되었습니다. 포도만의 무게를 ㉮ kg이라고 할 때, ㉮×100의 값은 얼마입니까?

14 조건 을 만족하는 소수 세 자리 수를 ㉠.㉡㉢㉣이라고 할 때, ㉠＋㉡＋㉢＋㉣의 값은 얼마입니까?

조건
• 3보다 크고 4보다 작은 수입니다.
• 소수를 $\frac{1}{100}$배 하면 소수 셋째 자리 숫자는 6입니다.
• 소수를 10배 하면 소수 둘째 자리 숫자는 7입니다.
• 일의 자리 숫자와 소수 둘째 자리 숫자의 합은 8입니다.

15 길이가 각각 다른 세 개의 테이프를 겹쳐진 부분의 길이가 같도록 이어 붙여 놓은 것입니다. 겹쳐진 부분 한 개의 길이는 몇 cm입니까?

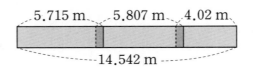

5.715 m 5.807 m 4.02 m
14.542 m

16 빈 병의 무게를 재어 보았더니 0.55 kg이었습니다. 이 병에 설탕을 $\frac{1}{2}$ 만큼 채운 후 무게를 재어 보니 1.325 kg이 되었습니다. 설탕을 가득 채운 후의 무게를 ■ kg이라고 할 때, ■×100의 값은 얼마입니까?

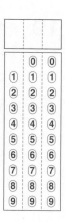

17 한초의 몸무게는 24.3 kg이고, 동생의 몸무게는 한초의 몸무게보다 2.8 kg이 가볍습니다. 또, 아버지의 몸무게는 한초와 동생의 몸무게의 합보다 26.5 kg이 무겁습니다. 아버지의 몸무게를 ▲ kg이라고 할 때, ▲×10의 값은 얼마입니까?

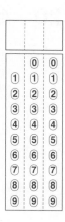

18 어떤 수에서 0.09를 뺀 후 1.675를 더해야 할 것을 잘못 계산하여 0.09를 더한 후 1.675를 뺐더니 3이 되었습니다. 바르게 계산한 값을 ★이라고 할 때, ★×100의 값은 얼마입니까?

19 석기는 100 m를 17.58초에 달리고, 효근이는 50 m를 8.37초에 달립니다. 효근이와 석기가 동시에 출발하여 같은 빠르기로 200 m를 달린다면 효근이가 ■초 더 빨리 도착합니다. 이때 ■×100의 값은 얼마입니까?

20 ㉢과 ㉣ 사이의 거리는 ■ m입니다. ■×100의 값은 얼마입니까?

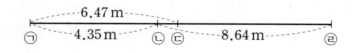

교과서 심화 과정

21 다음과 같이 약속할 때, 9.1◆(12.561◆8.79)를 계산하면 ▲가 됩니다. 이때 ▲×1000의 값은 얼마입니까?

$$㉠◆㉡=㉡-(㉠-㉡)$$

22 4장의 카드를 모두 한 번씩만 사용하여 소수를 만들 때, 가장 큰 수와
세 번째로 큰 수의 차는 얼마입니까?

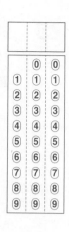

23 □ 안에 들어갈 수 있는 자연수는 모두 몇 개입니까?

$$3.04 < \frac{\square}{100} < 5$$

24 오른쪽 그림에서 가로 방향의 세 수의 합은 세로
방향의 세 수의 합과 같습니다. ㉯와 ㉰의 차를
■라 할 때 ■×100의 값은 얼마입니까?

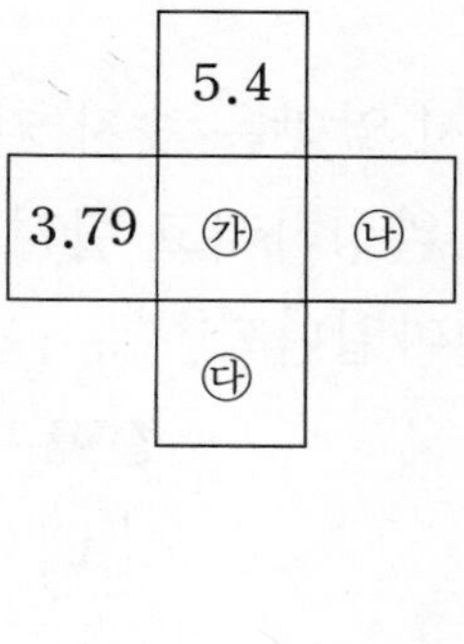

	5.4	
3.79	㉮	㉯
	㉰	

25 ㉮, ㉯, ㉰ 세 수가 있습니다. ㉮와 ㉯의 합은 10.5, ㉯와 ㉰의 합은 12.8, ㉰와 ㉮의 합은 8.9입니다. ㉮, ㉯, ㉰ 세 수의 합을 ■라 할 때 ■×10의 값은 얼마입니까?

창의 사고력 도전 문제

26 각 변의 수들의 합이 같도록 ○ 안에 **보기**의 수를 한 번씩만 써넣으려고 합니다. ㉮에 알맞은 수를 찾아 ㉮×10의 값을 구하시오.

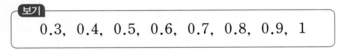

보기
0.3, 0.4, 0.5, 0.6, 0.7, 0.8, 0.9, 1

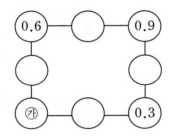

27 **보기**에서 알맞은 숫자 카드를 찾아 □ 안에 모두 한 번씩만 써넣어 뺄셈식을 완성하려고 합니다. ㉠, ㉡, ㉢에 알맞은 숫자를 찾아 합을 구하면 얼마입니까?

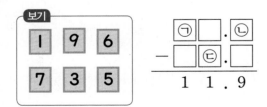

보기

| 1 | 9 | 6 |
| 7 | 3 | 5 |

28 ㉠, ㉡, ㉢, ㉣에 알맞은 숫자를 찾아 ㉠+㉡+㉢+㉣의 값을 구하면 얼마입니까? (단, ㉠, ㉡, ㉢, ㉣은 서로 다른 숫자입니다.)

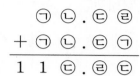

$$
\begin{array}{r}
㉠\,㉡\,.\,㉢\,㉣ \\
+\ ㉠\,㉡\,.\,㉢\,㉠ \\
\hline
1\ 1\ ㉢\,.\,㉣\,㉢
\end{array}
$$

29 서울역에서 석계역까지의 거리를 나타낸 표입니다. 동대문역에서 청량리역까지의 거리를 ■ km라고 할 때 ■×100의 값은 얼마입니까? (단, ★은 서울역에서 동대문역까지의 거리인 0.85+0.74입니다.)

서울역				
0.85	종각			
★	0.74	동대문		
2.03			청량리	
		1.07		석계

(단위:km)

30 일정한 간격으로 4개의 소수 ㉠, ㉡, ㉢, ㉣을 늘어놓았습니다. ㉢, ㉣의 소수의 합은 ㉠, ㉡의 소수의 합보다 0.72가 크다면 ㉡, ㉣의 합은 ■입니다. ■×100의 값은 얼마입니까? (단, ㉠은 2.5입니다.)

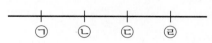

교과서 기본 과정

01 수직인 변이 <u>없는</u> 도형은 어느 것입니까?

①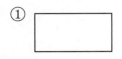

②

③

④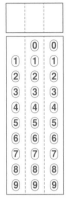

⑤ (마름모 모양)

02 사각형 ㄱㄴㄷㄹ에서 변 ㄱㄴ에 대한 수선이 2개일 때, 각 ㄱㄹㄷ의 크기는 몇 도입니까?

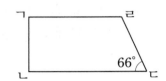

03 오른쪽 그림에서 평행한 변은 모두 몇 쌍입니까?

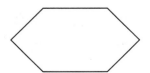

04 다음 도형에서 평행선 사이의 거리는 몇 cm입니까?

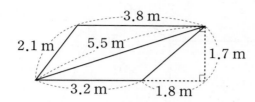

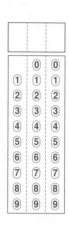

05 오른쪽 그림에서 선분 ㄱㄴ, 선분 ㄷㄹ, 선분 ㅁㅂ이 서로 평행할 때, 찾을 수 있는 크고 작은 사다리꼴은 모두 몇 개입니까?

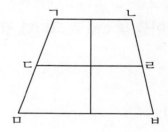

06 정사각형과 평행사변형을 오른쪽 그림과 같이 겹치지 않게 이어 붙였습니다. ㉠＋㉡의 값은 얼마입니까?

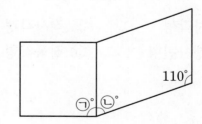

07 직사각형 ㄱㄴㄷㅇ, 마름모 ㅇㄷㅂㅅ, 이등변삼각형 ㄷㄹㅁ을 한 직선 위에 겹치지 않게 이어 붙였습니다. 각 ㄷㅁㄹ의 크기는 몇 도입니까?

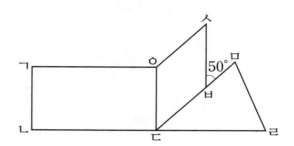

08 오른쪽 평행사변형과 네 변의 길이의 합이 같은 마름모를 그리려고 합니다. 마름모의 한 변의 길이를 몇 cm로 그리면 됩니까?

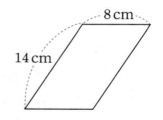

09 마름모라고 할 수 있는 도형은 어느 것입니까?

① 정사각형   ② 직사각형   ③ 사다리꼴
④ 평행사변형   ⑤ 정육각형

10 오른쪽 그림은 직사각형 2개를 겹쳐 그린 것입니다. 평행한 두 변 ㄱㄹ과 변 ㅂㅅ 사이의 거리는 몇 cm입니까?

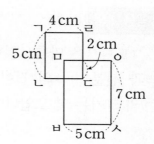

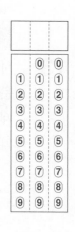

11 네 변의 길이의 합이 112 cm인 정사각형에서 평행선 사이의 거리는 몇 cm입니까?

12 선분 ㄴㄷ과 수직인 선분은 모두 몇 개입니까?

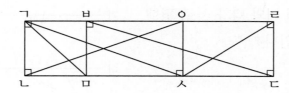

교과서 응용 과정

13 사각형 ㄱㄴㄷㄹ은 마름모입니다. 선분 ㄱㄹ과 선분 ㄱㅁ의 길이가 같을 때 각 ㉠의 크기는 몇 도입니까?

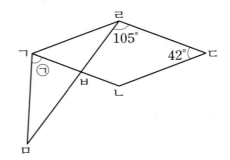

14 변 ㄱㄴ과 변 ㄷㄹ이 서로 평행할 때, □ 안에 알맞은 수를 구하시오.

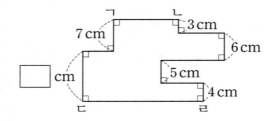

15 오른쪽 그림에서 직선 가와 나가 서로 평행할 때, 각 ㉠은 몇 도입니까?

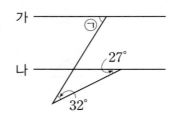

16 사각형 ㄱㄴㄷㄹ은 직사각형입니다. 각 ㄱㅁㄴ이 45°이고 각 ㄴㄹㄷ이 65°일 때, 각 ㅁㄴㄹ의 크기는 몇 도입니까?

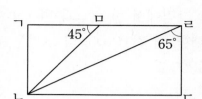

17 오른쪽 그림에서 직선 가와 나, 직선 다와 라는 각각 서로 평행합니다. 각 ㉠과 각 ㉡의 크기의 합은 몇 도입니까?

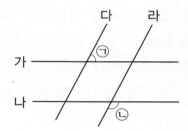

18 변 ㄱㄴ과 변 ㄷㄹ은 서로 평행합니다. 변 ㄱㄴ과 변 ㄷㄹ 사이의 거리는 몇 cm입니까?

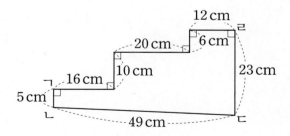

19 오른쪽 그림에서 변 ㄱㄴ과 변 ㄷㅁ이 서로 평행할 때 각 ㄷㅁㄹ의 크기는 몇 도입니까?

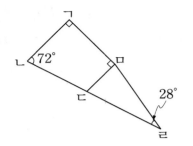

20 오른쪽 그림과 같이 직사각형 모양의 종이를 선분 ㅁㅂ을 접는 선으로 하여 접었습니다. 각 ㄱㅁㅂ의 크기는 80°일 때 각 ㄷㅂㅁ의 크기는 몇 도입니까?

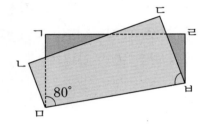

교과서 심화 과정

21 오른쪽 도형에서 평행한 선분은 모두 몇 쌍입니까?

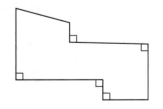

22 사각형 ㄱㄴㄷㄹ은 평행사변형입니다. 사각형 ㅁㄴㄷㄹ의 네 변의 길이의 합은 몇 cm입니까?

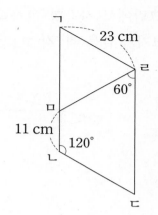
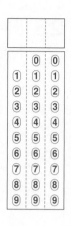

23 오른쪽 평행사변형에서 □ 안에 알맞은 수를 구하시오.

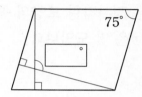

24 직선 가, 나가 서로 평행합니다. 각 ㉠과 각 ㉡의 합은 몇 도입니까?

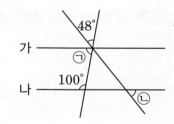

25 다음 그림에서 사각형 ㄱㄷㄹㅅ은 마름모이고 각 ㄴㅊㅈ과 각 ㄴㅊㅁ의 크기가 같을 때, 각 ㄱㄴㅊ의 크기는 몇 도입니까?

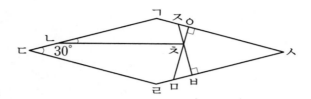

창의 사고력 도전 문제

26 오른쪽은 정사각형 모양의 종이를 접은 것입니다. 각 ㉠은 몇 도입니까?

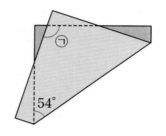

27 선분 ㄱㄴ과 선분 ㅁㅂ은 서로 평행합니다. 각 ㄹㅁㅂ의 크기는 몇 도입니까?

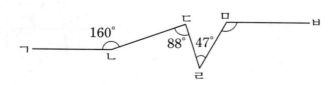

28 도형에서 찾을 수 있는 크고 작은 사다리꼴은 모두 몇 개입니까?

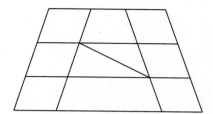

29 오른쪽 그림과 같이 평행사변형과 이등변 삼각형이 겹쳐져 있을 때, 각 ㉮와 각 ㉯의 차는 몇 도입니까?

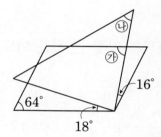

30 직선 가와 나는 서로 평행하고 ㉠은 ㉡보다 34° 큽니다. ㉡의 각도는 몇 도입니까?

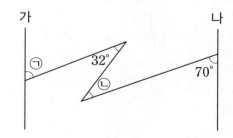

교과서 기본 과정

01 다음 중 옳지 <u>않은</u> 것은 어느 것입니까?

① 6은 21의 $\frac{2}{7}$입니다.

② $3 - \frac{3}{4}$을 계산하면 $2\frac{1}{4}$입니다.

③ $2 \div 5$를 분수로 나타내면 $\frac{2}{5}$입니다.

④ 두 분수 $\frac{5}{3}$와 $1\frac{1}{3}$의 크기를 비교하면 $\frac{5}{3} > 1\frac{1}{3}$입니다.

⑤ $\frac{2}{3}$, $\frac{4}{4}$, $\frac{6}{5}$, $\frac{7}{7}$ 중에서 1과 크기가 같은 분수의 개수는 3개입니다.

02 계산 결과가 가장 큰 것은 어느 것입니까?

① $1\frac{7}{10} + 7\frac{8}{10}$　　② $5 + 3\frac{3}{10}$　　③ $\frac{37}{10} + \frac{55}{10}$

④ $10\frac{7}{10} - 2\frac{6}{10}$　　⑤ $12 - 4\frac{3}{10}$

03 □ 안에 들어갈 수 있는 수 중에서 가장 큰 수는 얼마입니까?

$$1\frac{6}{9} > \frac{\square}{9} + \frac{6}{9}$$

04 오른쪽 삼각형의 이름으로 바르게 짝지은 것은 어느 것입니까?

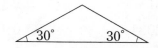

① 정삼각형, 둔각삼각형
② 이등변삼각형, 예각삼각형
③ 정삼각형, 예각삼각형
④ 이등변삼각형, 둔각삼각형
⑤ 정삼각형, 직각삼각형

05 크기가 같은 이등변삼각형을 변끼리 겹쳐 놓았습니다. 변 ㄱㄴ과 변 ㄷㄹ의 길이의 합은 몇 cm입니까?

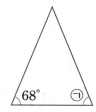

06 다음 두 도형은 이등변삼각형입니다. 각 ㉠과 각 ㉡의 크기의 합은 몇 도입니까?

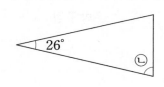

07 분수 $2\frac{31}{1000}$ 을 소수로 바르게 나타낸 것은 어느 것입니까?

① 2.31   ② 2.031   ③ 0.231

④ 0.2031   ⑤ 0.031

08 음료수 한 병의 무게는 0.528 kg입니다. 빈 병의 무게가 0.245 kg이면, 병에 들어 있는 음료수만의 무게는 몇 g입니까?

09 다음 그림에서 집에서 문방구점을 지나 학교까지 가는 거리는 몇 m입니까?

10 직사각형의 네 변의 길이의 합과 마름모의 네 변의 길이의 합이 같을 때 마름모의 한 변의 길이는 몇 cm입니까?

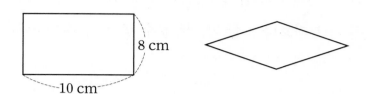 

11 다음은 직사각형을 겹치지 않게 이어서 그린 그림입니다. 이 그림에서 찾을 수 있는 크고 작은 직사각형은 모두 몇 개입니까?

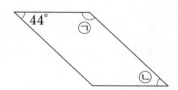

12 오른쪽 도형은 한 각의 크기가 44°인 평행사변형입니다. 각 ㉠과 각 ㉡의 크기의 차는 몇 도입니까?

13 분모가 15인 어떤 두 진분수의 합이 $1\frac{4}{15}$라고 합니다. 한 분수의 분자가 다른 한 분수의 분자보다 3 클 때, 두 분수 중 큰 분수의 분자는 얼마입니까?

14 다음 그림은 길이가 10 cm인 색 테이프 5장을 겹쳐서 이은 모양입니다. 겹친 부분의 길이가 $1\frac{1}{4}$ cm씩일 때, 이은 색 테이프 전체의 길이는 몇 cm입니까?

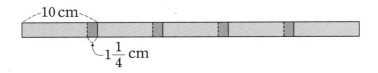

15 예각삼각형, 둔각삼각형, 직각삼각형이 각각 한 개씩 있습니다. 이 3개의 삼각형에 있는 9개의 각 중에서 예각은 모두 몇 개입니까?

16 삼각형 ㄱㄴㄷ과 삼각형 ㄹㄴㄷ은 이등변삼각형입니다. 각 ㄱㄹㄴ의 크기는 몇 도입니까?

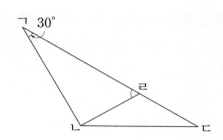

17 유승이는 3.26 kg인 강아지를 안고 저울에 올라가 무게를 재어 보니 44.54 kg이었고, 고양이를 안고 무게를 재었더니 43.73 kg이었습니다. 고양이의 무게가 ㉠ kg일 때 ㉠×100의 값은 얼마입니까?

18 다음 왼쪽 숫자 카드에 있는 각각의 숫자들을 오른쪽 빈칸에 한 번씩만 써넣어 뺄셈이 바르게 되었을 때, ㉠+㉫은 얼마입니까?

2	6	5
1	9	7

$$\begin{array}{r} ㉠.㉡㉢ \\ -\ ㉣.㉤㉫ \\ \hline 5.1\ 7 \end{array}$$

19 오른쪽 그림에서 직선 가, 나는 서로 평행합니다. □ 안에 알맞은 수는 얼마입니까?

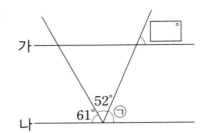

20 오른쪽 그림은 작은 정사각형으로 이루어진 그림입니다. 이 그림에서 찾을 수 있는 크고 작은 정사각형은 모두 몇 개입니까?

교과서 심화 과정

21 분모가 4인 세 가분수 ㉠, ㉡, ㉢이 있습니다. 세 가분수의 분자는 ㉠이 ㉡보다 2 작고, ㉢은 ㉡보다 1 크다고 합니다. 세 가분수의 합이 $5\frac{3}{4}$일 때, ㉢의 분자는 얼마입니까?

22 삼각형의 세 각 중에서 두 각만 나타낸 것입니다. 예각삼각형은 모두 몇 개입니까?

㉠ 25°, 80°   ㉡ 60°, 30°   ㉢ 75°, 75°   ㉣ 40°, 40°
㉤ 35°, 45°   ㉥ 100°, 20°   ㉦ 60°, 60°   ㉧ 90°, 35°

23 트럭, 오토바이, 버스, 택시가 동시에 출발하여 달리고 있습니다. 출발 후 10분이 되었을 때 트럭은 오토바이보다 2.09 km 더 앞서고 있고, 버스보다는 3.81 km 더 많이 갔습니다. 택시는 오토바이보다 4.96 km 더 앞서 달리고 있다면 택시와 버스가 간 거리의 차는 ㉠.㉡㉢ km입니다. 이때 ㉠+㉡+㉢의 값은 얼마입니까?

24 사각형 ㄱㄴㄷㄹ은 평행사변형, 삼각형 ㄴㄷ ㄹ은 이등변삼각형, 삼각형 ㅂㄴㄹ은 정삼각 형입니다. 각 ㄴㄷㄹ이 75°일 때, 각 ㄴㅁ ㄹ의 크기와 각 ㄱㄴㅁ의 크기의 차는 몇 도 입니까?

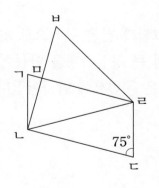

25 다음 그림에서 직선 가와 직선 나는 평행합니다. 각 ㉮의 크기는 몇 도 입니까?

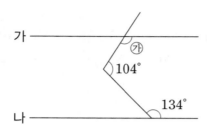

26 주어진 식에서 ★과 ◆은 0이 아닌 서로 다른 숫자입니다. ★과 ◆의 합이 될 수 있는 값들을 모두 더하면 얼마입니까?

$$★\frac{3}{7} + ◆\frac{5}{7} < 11$$

27 다음 그림과 같은 규칙으로 3개의 별이 그려져 있는 작은 정삼각형으로 점점 큰 정삼각형을 만들어 나갈 때, 별의 개수가 모두 243개인 정삼각형은 ㉠번째에 만들어집니다. ㉠에 알맞은 수는 얼마입니까?

첫 번째   두 번째   세 번째   네 번째   ···

28 소수 두 자리 수를 1.41부터 39.14까지 일정한 규칙에 따라 나열하였습니다. 나열한 모든 소수의 합을 ㉮라 할 때, ㉮의 각 자리의 숫자의 합은 얼마입니까?

> 1.41, 3.32, 5.23, 7.14, 9.41, 11.32, 13.23, 15.14, ···, 39.14

29 직사각형 모양의 종이 테이프를 그림과 같이 접었을 때, 각 ㉠은 몇 도입니까?

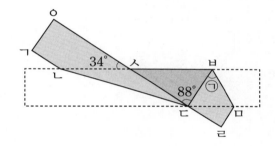

30 오른쪽은 작은 정사각형으로 이루어져 있는 모눈종이 위에 17개의 점을 찍은 것입니다. 이 점들을 연결하여 만들 수 있는 크고 작은 정사각형은 모두 몇 개입니까?

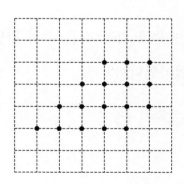

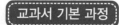

01 다음 중 $3-\dfrac{2}{7}$ 의 값은 어느 것입니까?

① $3\dfrac{5}{7}$　　　　② $3\dfrac{2}{7}$　　　　③ $2\dfrac{5}{7}$

④ $2\dfrac{2}{7}$　　　　⑤ $1\dfrac{5}{7}$

02 □ 안에 알맞은 수는 얼마입니까?

$$\dfrac{\square}{8}+\dfrac{3}{8}=1\dfrac{2}{8}$$

03 가장 큰 수와 가장 작은 수의 차를 $\bigcirc\dfrac{\bigcirc}{\bigcirc}$ 이라고 할 때 $\bigcirc+\bigcirc+\bigcirc$의 값은 얼마입니까?

$$4\dfrac{3}{8}\qquad 7\qquad 5\dfrac{1}{8}\qquad 3\dfrac{5}{8}$$

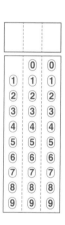

04 다음 도형은 이등변삼각형입니다. 세 변의 길이의 합은 몇 cm입니까?

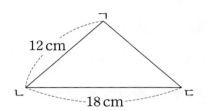

05 도형에서 각 ㄱㄷㅁ의 크기는 몇 도입니까?

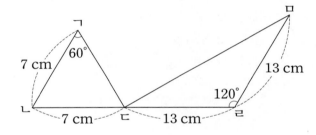

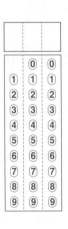

06 어느 삼각형의 두 각의 크기를 재었더니 각각 20°, 60°였습니다. 이 삼각형의 이름으로 알맞은 것은 어느 것입니까?

① 예각삼각형　　　② 둔각삼각형　　　③ 직각삼각형
④ 이등변삼각형　　⑤ 정삼각형

07 다음 중 옳지 <u>않은</u> 것은 어느 것입니까?

① 0.43의 $\frac{1}{10}$ 은 0.043입니다.

② 0.005의 100배는 0.5입니다.

③ 58.427에서 소수 셋째 자리 숫자는 4입니다.

④ 분수 $\frac{1}{1000}$ 을 소수 0.001이라 쓰고, 영점 영영일이라고 읽습니다.

⑤ 0.8과 0.80은 같은 수입니다. 따라서 0.80에서 끝자리 숫자 0은 생략하여 나타낼 수 있습니다.

08 채소의 무게의 합을 ㉠.㉡㉢㉣ kg이라고 할 때, ㉠+㉡+㉢+㉣의 값은 얼마입니까?

당근	2765 g
감자	3.87 kg
양파	2.092 kg

09 오른쪽은 수학체험관의 평면도입니다. 평면도에서 수학체험실의 가로의 길이는 몇 m입니까?

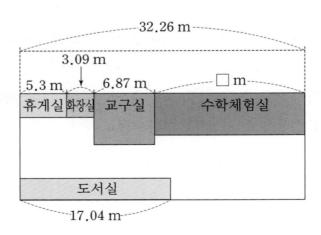

10 선분 ㄱㄴ과 선분 ㄷㄹ은 서로 평행하고, 선분 ㅁㅂ과 만나고 있습니다. 각 ㄹㅇㅂ은 몇 도입니까?

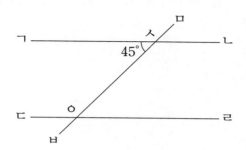

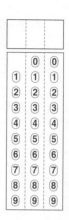

11 다음 도형 중에서 사다리꼴은 모두 몇 개입니까?

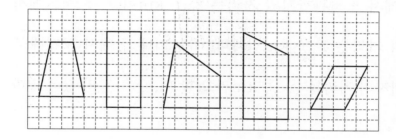

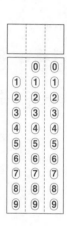

12 사각형 ㄱㄴㄷㄹ은 정삼각형 ㄱㄴㅁ과 평행사변형 ㄴㄷㄹㅁ을 이어 붙인 도형입니다. 사각형 ㄱㄴㄷㄹ의 네 변의 길이의 합은 몇 cm입니까?

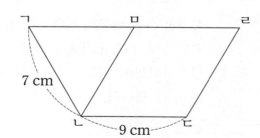

교과서 응용 과정

13 □ 안에 들어갈 수 있는 수 중에서 가장 작은 자연수는 얼마입니까?

$$\frac{2}{7} + \frac{\square}{7} > 4$$

	0	0
①	①	①
②	②	②
③	③	③
④	④	④
⑤	⑤	⑤
⑥	⑥	⑥
⑦	⑦	⑦
⑧	⑧	⑧
⑨	⑨	⑨

14 유승이네 집에서 도서관까지의 거리는 $2\frac{13}{20}$ km이고, 도서관에서 수영장까지의 거리는 $1\frac{14}{20}$ km입니다. 유승이네 집에서 도서관을 거쳐 수영장까지의 거리를 $⊙\frac{⊙}{20}$ km라고 할 때, $⊙+⊙$의 값은 얼마입니까?

	0	0
①	①	①
②	②	②
③	③	③
④	④	④
⑤	⑤	⑤
⑥	⑥	⑥
⑦	⑦	⑦
⑧	⑧	⑧
⑨	⑨	⑨

15 ⊙과 ⊙에 알맞은 수의 합을 구하시오.

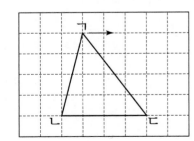

꼭짓점 ㄱ을 화살표 방향으로 변 ㄴㄷ과 평행하게 ⊙칸 옮기면 삼각형 ㄱㄴㄷ은 직각삼각형이 되고, 각 ㄷㄱㄴ의 크기는 ⊙°가 됩니다.

	0	0
①	①	①
②	②	②
③	③	③
④	④	④
⑤	⑤	⑤
⑥	⑥	⑥
⑦	⑦	⑦
⑧	⑧	⑧
⑨	⑨	⑨

16 삼각형 ㄱㄷㄹ은 이등변삼각형입니다. 각 ㄹㄷㄴ의 크기는 몇 도입니까?

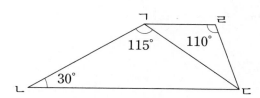

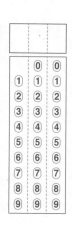

17 물약이 한 병에 25 mL씩 들어 있습니다. 작은 상자에는 물약이 10병 들어 있고, 큰 상자에는 작은 상자가 10개 들어 있습니다. 큰 상자 4개에 들어 있는 물약은 모두 몇 L입니까?

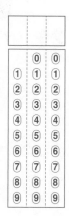

18 ㉮에 알맞은 수와 ㉯에 알맞은 수의 합을 ★이라 할 때, ★×100의 값을 얼마입니까?

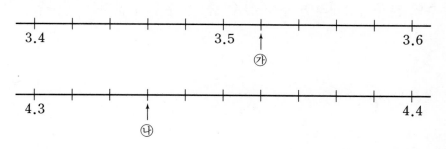

19 다음 두 도형은 평행사변형입니다. 각각의 □ 안에 알맞은 각도를 구할 때, ㉡−㉠은 얼마입니까?

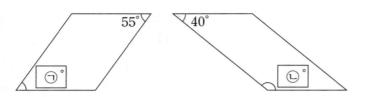

20 직선 가와 변 ㄴㄷ, 직선 나와 변 ㄱㄴ은 각각 평행합니다. □ 안에 알맞은 각도는 몇 도입니까?

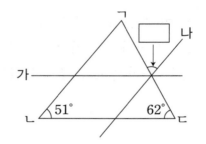

교과서 심화 과정

21 7을 분모로 하는 두 가분수의 합은 $6\frac{3}{7}$입니다. 한 가분수의 분자가 다른 가분수의 분자의 2배라면 두 가분수 중 큰 분수의 분자는 얼마입니까?

22 오른쪽은 이등변삼각형입니다. □ 안에 알맞은 수는 얼마입니까?

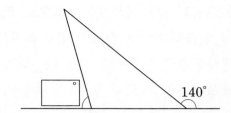
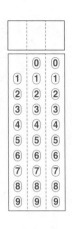

140°

23 일정한 규칙으로 수를 늘어놓았습니다. 101번째 수와 303번째 수의 차를 ㉠㉡.㉢㉣이라고 할 때 ㉠+㉡+㉢+㉣의 값은 얼마입니까?

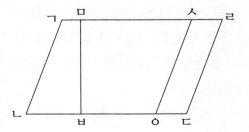

0.99　　　1.22　　　1.45　　　1.68　　…

24 오른쪽 그림에서 사각형 ㄱㄴㄷ ㄹ은 평행사변형이고, 선분 ㅅ ㅇ과 선분 ㄹㄷ은 서로 평행합니다. 이 그림에서 찾을 수 있는 크고 작은 사다리꼴의 개수를 △개, 평행사변형의 개수를 □개라할 때, △+□의 값은 얼마입니까?

25 오른쪽 그림과 같이 일정한 간격으로 찍혀 있는 9개
의 점이 있습니다. 이 중 4개의 점을 꼭짓점으로 하
여 평행사변형을 만들려고 합니다. 모양이나 크기가
다른 평행사변형을 모두 몇 가지 만들 수 있습니까?
(단, 돌리거나 뒤집어서 같은 모양은 같은 것으로 생각합니다.)

[창의 사고력 도전 문제]

26 한 변의 길이가 15 cm인 정사각형 모양의 종이를 점선을 따라 잘라서
오른쪽과 같이 겹치지 않게 이어 붙였습니다. 이어 붙인 도형의 둘레는
몇 cm입니까?

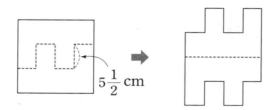

$5\frac{1}{2}$ cm

27 가로, 세로, 대각선에 있는 세 수의 합이
모두 같도록 빈칸에 수를 써넣으려고 합
니다. ㉮에 알맞은 수의 각 자리 숫자의
합은 얼마입니까?

3.96	14.25	
	8.37	5.43
㉮		12.78

28 십의 자리의 숫자와 일의 자리의 숫자가 3이고, 소수 셋째 자리의 숫자도 3인 수 33.□□3이 있습니다. 이러한 조건을 만족하는 수 중에서 33.28보다 작은 소수 세 자리 수는 모두 몇 개입니까?

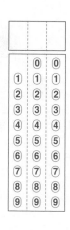

29 오른쪽 그림과 같이 평행사변형 ㄱㄴㄷㄹ과 정삼각형 ㄱㅁㅂ이 겹쳐 있을 때, 각 ㅅㅇㅂ의 크기는 몇 도입니까?

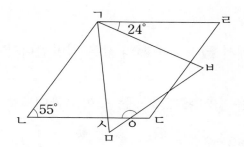

30 다음은 하나의 직사각형을 8개의 직사각형으로 나눈 다음, 2개의 직사각형에 대각선을 그은 그림입니다. 이 그림에서 찾을 수 있는 크고 작은 사다리꼴은 모두 몇 개입니까?

교과서 기본 과정

01 길이가 $3\frac{3}{5}$ m인 빨간색 끈과 $2\frac{2}{5}$ m인 파란색 끈이 있습니다. 두 끈의 길이의 합은 몇 m입니까?

02 다음에서 ■+▲+●의 값은 얼마입니까?

3은 $\frac{1}{6}$이 ■개, $2\frac{1}{6}$는 $\frac{1}{6}$이 ▲개이므로 $3-2\frac{1}{6}$은 $\frac{1}{6}$이 ●개입니다.

➡ $3-2\frac{1}{6}=\dfrac{■}{6}-\dfrac{▲}{6}=\dfrac{●}{6}$

03 다음을 계산한 값은 얼마입니까?

$$6\frac{2}{8}-3\frac{7}{8}+9\frac{5}{8}$$

04 오른쪽 그림은 이등변삼각형입니다. 각 ㄴㄱㄷ 의 크기는 몇 도입니까?

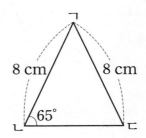

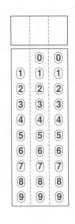

05 세 각의 크기가 45°, 80°, 55°인 삼각형을 무슨 삼각형이라고 합니까?

① 이등변삼각형   ② 정삼각형   ③ 예각삼각형

④ 직각삼각형   ⑤ 둔각삼각형

06 다음과 같은 삼각형이 1개씩 있습니다. 세 삼각형에서 찾을 수 있는 예 각의 개수와 둔각의 개수의 차를 구하시오.

| 정삼각형 | 직각삼각형 | 둔각삼각형 |

07 분수 $12\frac{12}{1000}$ 를 소수로 바르게 나타낸 것은 어느 것입니까?

① 0.1212   ② 1.1212   ③ 12.12

④ 12.012   ⑤ 120.12

08 □ 안에 알맞은 수를 1000배 한 값은 얼마입니까?

$$10 - \boxed{} = 9.973$$

09 다음 중 설명이 바른 것은 어느 것입니까?

① 0.3의 $\frac{1}{100}$ 배는 0.03입니다.

② 6.475 = 6 + 4 + 0.7 + 0.5

③ 6.4750에서 0은 언제나 반드시 써야 합니다.

④ 0.475는 $\frac{1}{10}$ 이 4개, $\frac{1}{100}$ 이 7개, $\frac{1}{1000}$ 이 5개인 수입니다.

⑤ 0.005는 0.5를 100배 한 수입니다.

10 직선 가와 직선 나는 서로 평행합니다. □ 안에 알맞은 수는 얼마입니까?

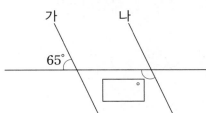

⓪	⓪	⓪
①	①	①
②	②	②
③	③	③
④	④	④
⑤	⑤	⑤
⑥	⑥	⑥
⑦	⑦	⑦
⑧	⑧	⑧
⑨	⑨	⑨

11 다음 중에서 옳지 <u>않은</u> 것은 어느 것입니까?

① 모든 마름모는 평행사변형입니다.
② 모든 평행사변형은 사다리꼴입니다.
③ 모든 직사각형은 마름모입니다.
④ 모든 정사각형은 직사각형입니다.
⑤ 모든 사다리꼴은 사각형입니다.

12 한 변의 길이가 12 cm인 정삼각형을 만들었던 철사를 펴서 가장 큰 마름모를 한 개 만들었습니다. 만든 마름모의 한 변의 길이는 몇 cm입니까?

교과서 응용 과정

13 ㉠에 들어갈 수 있는 자연수는 모두 몇 개입니까?

$$7\frac{3}{11}-2\frac{9}{11}>\text{㉠}\frac{6}{11}$$

14 6장의 숫자 카드를 한 번씩만 사용하여 분모가 같은 두 대분수를 만들었습니다. 두 대분수의 차가 가장 클 때의 차를 ㉠$\frac{㉢}{㉡}$이라고 할 때 ㉠+㉡+㉢의 값은 얼마입니까?

6 4 6 3 8 5

15 삼각형 ㄹㄱㄷ에서 삼각형 ㄴㄱㄷ과 삼각형 ㄴㄷㄹ은 이등변삼각형입니다. 각 ㄴㄷㄹ의 크기는 몇 도입니까?

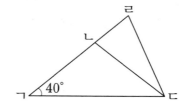

16 한별이는 철사를 5 m 가지고 있습니다. 이 철사로 겹치는 부분이 없도록 구부려서 오른쪽과 같은 삼각형을 만든다면 몇 개까지 만들 수 있겠습니까?

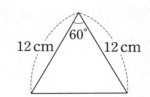

17 세 소수의 크기가 다음과 같을 때 ㉠+㉡+㉢의 값은 얼마입니까?
(단, ㉠, ㉡, ㉢은 0부터 9까지의 숫자 중 하나입니다.)

$$8㉠.042 > 88.20㉡ > 88.2㉢8$$

18 다음은 재리네 집에서부터 몇 군데 장소까지의 거리를 나타낸 표입니다. 집에서 학교까지 가려면 서점을 지나야 한다고 할 때, 서점에서 학교까지의 거리는 몇 m입니까?

장소	거리(km)	장소	거리(km)
동사무소	0.5	서점	1.7
역	0.89	은행	2.23
학교	2.471	우체국	0.75

19 직선 가와 직선 나는 서로 평행합니다. □ 안에 알맞은 각도는 몇 도입니까?

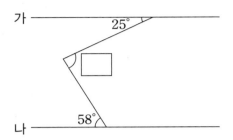

20 사각형 ㄱㄴㄷㅂ은 마름모이고 사각형 ㄷㄹ ㅁㅂ은 정사각형입니다. 각 ㄱㅂㄷ이 142°일 때, 각 ㄷㄴㄹ의 크기는 몇 도입니까?

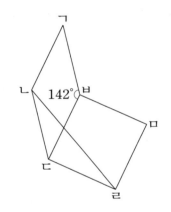

교과서 심화 과정

21 수족관에 12 L의 물이 있습니다. 이 수족관에 물을 1분에 $2\frac{3}{5}$ L씩 채우고, 동시에 1분에 5 L씩 빼낸다면 수족관의 물이 모두 빠져나가는데 몇 분이 걸립니까?

22 보기1 의 정삼각형의 각 변의 가운데 점들을 이어 보기2 와 같은 새로운 정삼각형을 만들었습니다. 보기2 에서 찾을 수 있는 크고 작은 정삼각형은 모두 몇 개입니까?

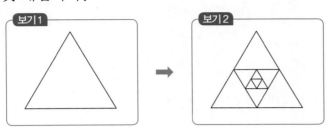

23 소수 세 자리 수 12.345에서 소수 첫째 자리의 숫자가 나타내는 수는 소수 셋째 자리의 숫자가 나타내는 수의 몇 배입니까?

24 마름모와 사다리꼴로 만들어진 도형입니다. 선분 ㅂㄷ의 길이와 선분 ㅁㄹ의 길이가 같고, 선분 ㅂㅁ의 길이가 선분 ㄱㅂ의 길이의 반이라면 이 도형 전체의 둘레는 몇 cm입니까?

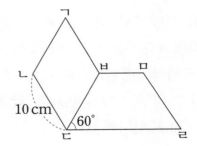

25 선분 ㄱㄴ과 선분 ㄷㄹ이 서로 평행 할 때, 각 ㅁㅂㅅ의 크기는 몇 도입니까?

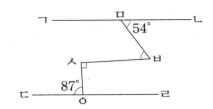

창의 사고력 도전 문제

26 분모가 13인 세 분수 ◆, ★, ♥가 있습니다. 세 분수의 조건이 다음과 같을 때, 세 분수 중 가장 큰 분수와 가장 작은 분수의 차는 $\dfrac{\textcircled{\scriptsize ㄷ}}{\textcircled{\scriptsize ㄴ}}$입니다. 이때 ㄱ+ㄴ+ㄷ의 값은 얼마입니까?

〈조건 1〉 세 분수의 합은 13입니다.

〈조건 2〉 ★ = ◆ + $3\dfrac{5}{13}$

〈조건 3〉 ♥ = ◆ × 3

27 오른쪽 그림에서 삼각형 ㄹㄴㄷ은 이등변삼각형입니다. 각 ㄹㄷㄴ의 크기는 각 ㄹㄷㄱ의 크기의 3배이고, 각 ㄹㄴㅁ의 크기는 각 ㄹㄴㄱ의 크기의 3배일 때, 각 ㄴㄱㄷ의 크기는 몇 도입니까?

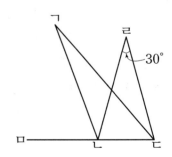

28 다음은 두 개의 수직선을 어긋나게 놓은 것입니다. 위의 수직선에서 ㉮의 위치를 아래의 수직선에서 읽었더니 0.286이고, 아래 수직선에서 ㉯의 위치를 위의 수직선에서 읽었더니 0.194였습니다. ㉮－㉯의 값을 1000배 한 수는 얼마입니까?

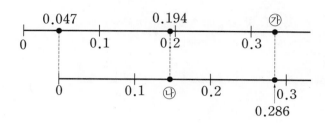

29 오른쪽 그림에서 선을 따라 그릴 수 있는 모양이 다른 사각형은 모두 몇 가지입니까? (단, 돌리거나 뒤집어서 같아지는 것은 한 가지로 봅니다.)

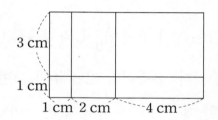

30 가로가 8 cm, 세로가 6 cm인 직사각형을 모양과 크기가 같으면서 가로와 세로의 길이가 자연수인 직사각형 모양의 색종이로 정확하게 덮으려고 합니다. 예를 들면, 가로가 8 cm, 세로가 6 cm인 색종이의 경우 1장으로 덮을 수 있으며, 가로와 세로가 모두 1 cm인 색종이의 경우 48장으로 덮을 수 있습니다. 이와 같이 주어진 직사각형을 정확하게 덮을 수 있는 직사각형 모양의 색종이는 모두 몇 가지가 있습니까?

01 ㉮에 알맞은 수는 얼마입니까?

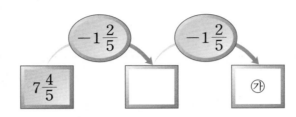

			0	0
	1	1	1	
	2	2	2	
	3	3	3	
	4	4	4	
	5	5	5	
	6	6	6	
	7	7	7	
	8	8	8	
	9	9	9	

02 유승이는 지난 주에 $\dfrac{13}{20}$ L의 우유를 마시고 이번 주에 $\dfrac{18}{20}$ L의 우유를 마셨습니다. 유승이가 지난 주와 이번 주에 마신 우유의 양을 $\bigcirc\dfrac{\bigcirc}{\bigcirc}$ L 라고 할 때 ㉠+㉡+㉢의 값은 얼마입니까?

03 □ 안에 들어갈 수 있는 자연수를 모두 찾아 합을 구하면 얼마입니까?

$$7\dfrac{\square}{18} < 2\dfrac{7}{18} + 4\dfrac{17}{18}$$

04 오른쪽 도형을 보고 □ 안에 알맞은 수를 구하시오.

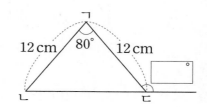

05 두 각의 크기가 44°, 92°인 삼각형이 있습니다. 이 삼각형에 대해 바르게 설명하고 있는 사람은 누구입니까?

① 선주 : 이 삼각형은 세 각의 크기가 모두 달라.
② 효원 : 이 삼각형은 직각삼각형인데 이등변삼각형이기도 해.
③ 지수 : 이 삼각형은 이등변삼각형이고 예각삼각형이야.
④ 세호 : 이 삼각형은 세 변의 길이가 모두 다른 삼각형이야.
⑤ 준서 : 이 삼각형은 둔각삼각형이고 이등변삼각형이야.

06 사각형 ㄱㄴㄷㄹ은 사다리꼴입니다. 선분 ㄴㅁ과 선분 ㄷㅁ이 서로 수직일 때, 평행선 사이의 거리는 몇 cm입니까?

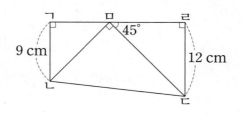

07 분수를 소수로 나타낼 때, □ 안에 알맞은 수는 어느 것입니까?

$$1\frac{27}{1000}=1+\frac{27}{1000}=1+\boxed{}=1.027$$

① 270   ② 27   ③ 2.7

④ 0.27   ⑤ 0.027

08 다음은 0.01씩 뛰어 세기를 한 것입니다. ㉯에 알맞은 소수는 어느 것입니까?

| 4.074 | 4.084 | 4.094 | ㉮ | ㉯ |

① 4.095   ② 4.096   ③ 4.294

④ 4.104   ⑤ 4.114

09 ㉮와 ㉯에 알맞은 수의 합은 얼마입니까?

- 5는 0.05의 ㉮배입니다.
- 4.09는 409의 $\frac{1}{㉯}$배입니다.

10 사각형에서 각 ㉠의 크기는 몇 도입니까?

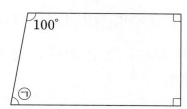

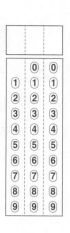

11 다음 도형은 평행사변형입니다. 각 ㉠과 각 ㉡의 크기의 차는 몇 도입니까?

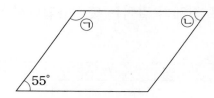

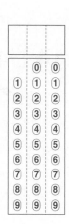

12 다음과 같이 평행선과 한 직선이 만나고 있습니다. 각 ㄹㅇㅅ의 크기는 몇 도입니까?

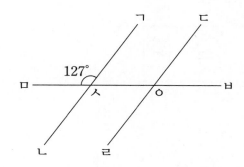

교과서 응용 과정

13 분모가 12인 대분수가 아닌 두 분수의 합이 $1\frac{11}{12}$ 이라고 합니다. 한 분수의 분자가 다른 분수의 분자보다 7만큼 크다고 할 때, 두 분수 중 작은 분수의 분자는 얼마입니까?

14 다음 그림과 같이 길이가 20 cm인 색 테이프 6장을 $2\frac{2}{5}$ cm씩 겹치게 이었습니다. 이은 색 테이프 전체의 길이는 몇 cm입니까?

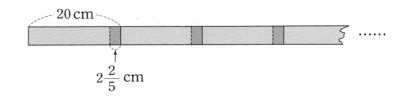

20 cm

$2\frac{2}{5}$ cm

15 다음은 예각삼각형의 두 각의 크기를 나타낸 것입니다. ㉠이 될 수 있는 가장 작은 자연수를 구하시오.

72° ㉠°

16 그림에서 찾을 수 있는 크고 작은 둔각삼각형은 모두 몇 개입니까?

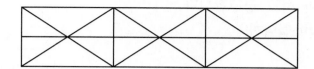

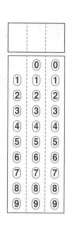

17 □ 안에 알맞은 숫자를 모두 찾아 합을 구하면 얼마입니까?

$$\begin{array}{r} \square\,\square\,.\,2\ 8 \\ -\quad 8\,.\,\square\,\square\,7 \\ \hline 6\ 4\,.\,8\ 4\,\square \end{array}$$

18 다음 수들의 합을 ㉮라고 할 때 ㉮의 각 자리의 숫자의 합은 얼마입니까?

- 27.4의 $\dfrac{1}{10}$ • 0.36의 10배
- 18.2의 $\dfrac{1}{100}$ • 5.209의 100배

19 삼각형 ㄱㄴㄷ에서 직선 가는 변 ㄱㄷ과, 직선 나는 변 ㄱㄴ과 서로 평행합니다. □ 안에 알맞은 수는 얼마입니까?

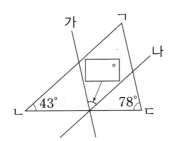

⓪ ⓪	
① ① ①	
② ② ②	
③ ③ ③	
④ ④ ④	
⑤ ⑤ ⑤	
⑥ ⑥ ⑥	
⑦ ⑦ ⑦	
⑧ ⑧ ⑧	
⑨ ⑨ ⑨	

20 삼각형 ㅅㄷㄹ은 정삼각형이고 사각형 ㅅㄹㅁㅂ은 마름모입니다. 평행사변형 ㄱㄴㄷㅅ의 둘레의 길이는 54 cm일 때, 사다리꼴 ㄱㄴㅁㅂ의 네 변의 길이의 합은 몇 cm입니까?

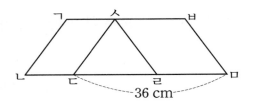

⓪ ⓪	
① ① ①	
② ② ②	
③ ③ ③	
④ ④ ④	
⑤ ⑤ ⑤	
⑥ ⑥ ⑥	
⑦ ⑦ ⑦	
⑧ ⑧ ⑧	
⑨ ⑨ ⑨	

교과서 심화 과정

21 ㉮, ㉯ 두 수가 있습니다. ㉮에서 ㉯를 빼면 $10\frac{1}{8}$이 되고 ㉮에 ㉯를 더하면 $13\frac{7}{8}$이 됩니다. 이때 ㉮는 얼마입니까?

⓪ ⓪	
① ① ①	
② ② ②	
③ ③ ③	
④ ④ ④	
⑤ ⑤ ⑤	
⑥ ⑥ ⑥	
⑦ ⑦ ⑦	
⑧ ⑧ ⑧	
⑨ ⑨ ⑨	

22 사각형 ㄱㄴㄷㄹ은 정사각형이고, 삼각형 ㄱㄴ ㅁ은 이등변삼각형입니다. 각 ㄴㅁㄹ의 크기는 몇 도입니까?

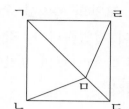

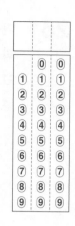

23 34.435보다 크고 34.5보다 작은 소수 세 자리 수 중에서 소수 둘째 자리의 숫자를 ㉠, 소수 셋째 자리의 숫자를 ㉡이라 할 때, ㉠+㉡이 11이 되는 수는 모두 몇 개입니까?

24 오른쪽 모눈종이에서 주어진 세 점과 나머지 한 점을 더 찍은 다음 이어서 평행사변형을 만들려고 합니다. 만들 수 있는 평행사변형 은 모두 몇 개입니까?

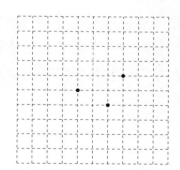

25 마름모 모양의 종이를 오른쪽 그림과 같이 접었습니다. 각 ㄴㅅㅁ의 크기와 각 ㄱㅇㅁ의 크기의 차는 몇 도입니까?

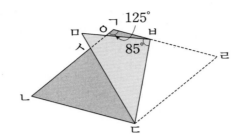

창의 사고력 도전 문제

26 다음과 같이 약속할 때, $\frac{7}{15} \blacksquare \frac{2}{15}$ 는 얼마입니까?

> 가▲나＝가＋(가＋나)
> 가■나＝가▲(가▲나)

27 오른쪽 그림은 정사각형 안에 5개의 선을 그어 만든 것입니다. 이 그림에서 찾을 수 있는 직각삼각형은 모두 몇 개입니까?

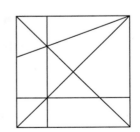

28 네 개의 숫자 A, B, C, D가 들어 있는 오른쪽 식에서 같은 문자는 같은 숫자를 나타내고, 다른 문자는 다른 숫자를 나타낼 때, 알맞은 식은 모두 몇 가지입니까?

$$\begin{array}{r} A\,.\,B\,C \\ +\ C\,.\,B\,A \\ \hline D\,.\,D\,D \end{array}$$

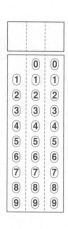

29 세 선분 ㄱㄴ, ㄴㄹ, ㄹㄷ의 길이가 모두 같고, 선분 ㄴㄹ과 선분 ㄷㅁ이 서로 평행할 때, 각 ㄴㄱㄹ의 크기는 몇 도입니까?

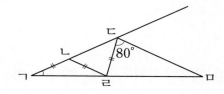

30 다음 보기는 9개의 점으로 된 3×3 마름모형 점판 위에 점들을 이어서 이등변삼각형을 그린 것입니다. 4×4 마름모형 점판 위에 점들을 이어서 그릴 수 있는 서로 다른 모양의 이등변삼각형 중 3×3 점판 위에서 그릴 수 없는 것들은 몇 가지입니까? (단, 점판에서 이웃하는 점들 사이의 거리는 같습니다.)

보기

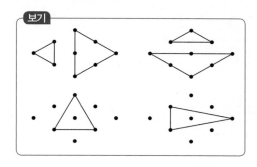

🌸 부록에 있는 OMR 카드를 사용해 보세요.

교과서 기본 과정

01 □ 안에 알맞은 수는 얼마입니까?

$$\frac{5}{8} + \frac{7}{8} = 1\frac{\square}{8}$$

( )

02 계산 결과가 나머지와 <u>다른</u> 하나는 어느 것입니까? ( )

① $\frac{11}{13} - \frac{5}{13}$ ② $\frac{12}{13} - \frac{6}{13}$ ③ $1\frac{7}{13} - 1\frac{1}{13}$

④ $2\frac{9}{13} - 1\frac{3}{13}$ ⑤ $1\frac{2}{13} - \frac{9}{13}$

03 □ 안에 들어갈 수 있는 자연수는 모두 몇 개입니까?

$$\frac{7}{15} + \frac{4}{15} > \frac{\square}{15}$$

( )개

04 삼각형의 세 변의 길이의 합은 몇 cm입니까?

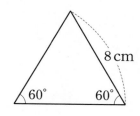

(   ) cm

05 이등변삼각형 ㄱㄴㄷ과 이등변삼각형 ㄱㄷㄹ을 겹치지 않게 이어 붙여 삼각형 ㄱㄴㄹ을 만들었습니다. 이때 각 ㄴㄱㄷ의 크기는 몇 도입니까?

(   )°

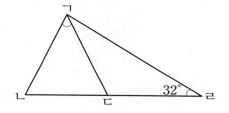

06 정삼각형 8개를 붙여서 만든 것입니다. 그림에서 찾을 수 <u>없는</u> 도형은 어느 것입니까? (   )

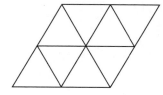

① 평행사변형   ② 직사각형
③ 마름모   ④ 사다리꼴
⑤ 이등변삼각형

07 □ 안에 알맞은 숫자를 모두 찾아 합을 구하면 얼마입니까?

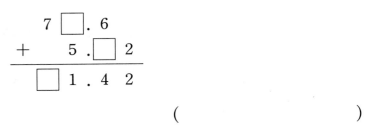

$$
\begin{array}{r}
7\ \square\ .\ 6 \\
+\quad 5\ .\ \square\ 2 \\
\hline
\square\ 1\ .\ 4\ 2
\end{array}
$$

(   )

08 집에서 공원까지의 거리는 1.68 km이고, 공원에서 은행까지의 거리는 2.53 km입니다. 공원에서 은행까지의 거리는 집에서 공원까지의 거리보다 몇 m 더 멉니까?

(   ) m

09 규칙에 따라 수를 늘어놓았습니다. 가에 알맞은 수의 자연수 부분의 숫자를 ㉠, 소수 첫째 자리 숫자를 ㉡, 소수 둘째 자리의 숫자를 ㉢이라고 할 때 ㉠＋㉡＋㉢은 얼마입니까?

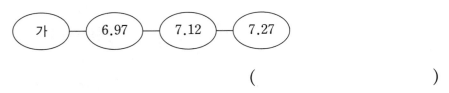

가 — 6.97 — 7.12 — 7.27

(   )

10 선분 ㄱㄴ과 수직인 직선은 어느 것입니까? (   )

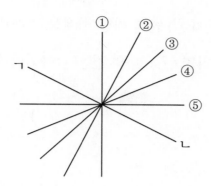

11 직사각형과 평행사변형을 겹치지 않게 이어 붙인 도형입니다. 각 ㉠의 크기는 몇 도 입니까?

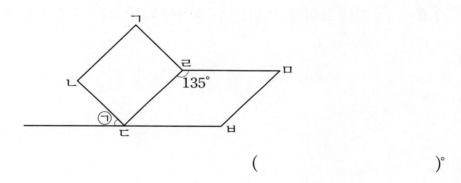

(   )°

12 세 직선 가, 나, 다가 서로 평행할 때, 직선 가와 직선 다 사이의 거리는 몇 cm입니까?

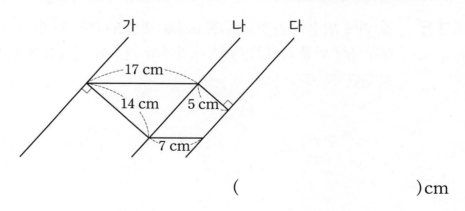

(   )cm

교과서 응용 과정

13 보기에서 두 수를 골라 □ 안에 써넣어 계산 결과가 가장 큰 뺄셈식을 만들 때 계산

결과를 $㉠\dfrac{㉡}{11}$이라 하면 ㉠＋㉡의 값은 얼마입니까?

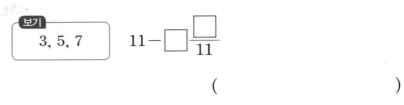

보기

3, 5, 7

$11-\boxed{}\dfrac{\boxed{}}{11}$

(   )

14 □ 안에 들어갈 수 있는 수 중에서 가장 작은 자연수를 구하시오.

$$\dfrac{4}{9}+\dfrac{\boxed{}}{9}>4$$

(   )

15 원 위에 일정한 간격으로 점 6개를 찍었습니다. 원 위의 세 점을
연결하여 만들 수 있는 예각삼각형의 개수와 둔각삼각형의 개수
의 합은 몇 개입니까?

(   )개

16 선분 ㄱㅂ과 선분 ㄱㄴ의 길이가 같을 때, 각 ㄱㄷㄹ의 크기를 구하시오.

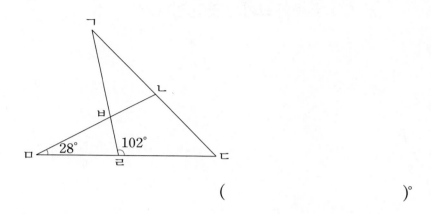

(   )°

17 □ 안에는 0부터 9까지의 숫자가 들어갈 수 있습니다. 가장 큰 소수는 어느 것입니까? (   )

① 1□.436   ② 2□.998   ③ 3□.204

④ 27.□72   ⑤ 30.1□5

18 0.96 m의 색 테이프 5장을 그림과 같이 0.03 m씩 겹치게 이어 붙였습니다. 이어 붙인 색 테이프의 전체 길이를 ㉮ m라고 할 때, ㉮×100의 값은 얼마입니까?

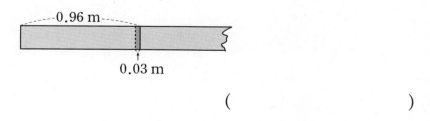

(   )

19 선분 ㄱㄹ과 선분 ㄴㄷ은 선분 ㄱㄴ에 대한 수선입니다.
각 ㄷㅇㄹ의 크기는 몇 도입니까?

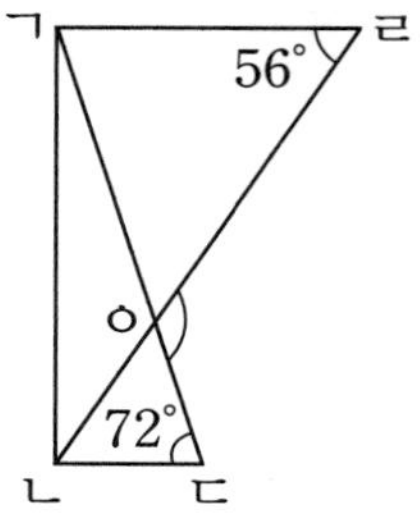

(   )°

20 사각형 ㄱㄴㄷㄹ은 직사각형이고, 직선 가와 직선 나는 서로 평행합니다. □ 안에 알맞은 수를 구하시오.

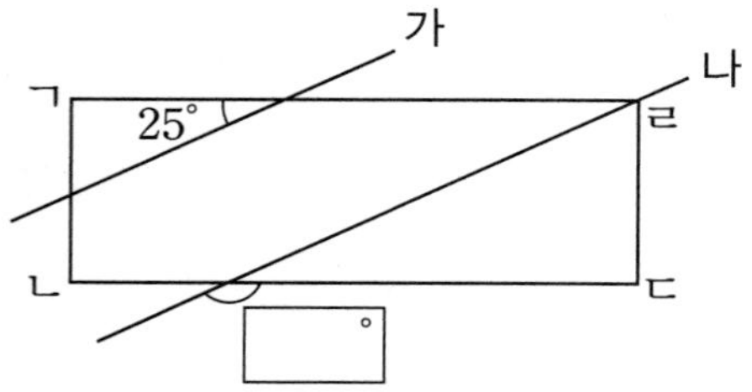

(   )

[교과서 심화 과정]

21 □ 안에 들어갈 수 있는 수 중 분모가 15인 가분수는 모두 몇 개입니까?

$$\frac{4}{15} + \frac{13}{15} < \square < 5\frac{4}{15} - 2\frac{13}{15}$$

(   )개

22 오른쪽 그림에서 사각형 ㄱㄷㄹㅁ은 마름모이고 삼각형 ㄱㄴㄷ은 정삼각형일 때, 각 ㄴㅂㄷ의 크기는 몇 도입니까?

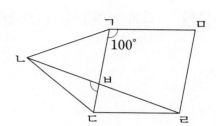

(   )°

23 ㉮, ㉯, ㉰ 세 수가 있습니다. ㉮와 ㉯의 합은 47, ㉯와 ㉰의 합은 44.8, ㉮와 ㉰의 합은 58.2일 때, ㉮, ㉯, ㉰ 세 수의 합은 얼마입니까?

(   )

24 오른쪽 그림에서 세 선분 ㄱㄴ, ㄷㄹ, ㅁㅂ이 서로 평행할 때, 각 ㅋㅌㅍ의 크기는 몇 도입니까?

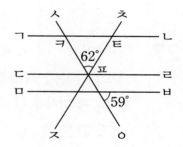

(   )°

25 직선 가와 나는 서로 평행합니다. ㉠은 몇 도입니까?

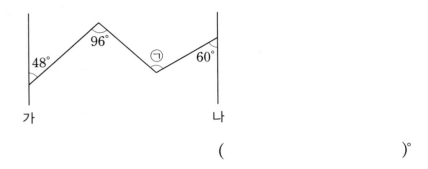

(   )°

창의 사고력 도전 문제

26 다음과 같이 분수를 규칙적으로 늘어놓을 때 처음부터 30번째까지의 분수의 합은 얼마입니까?

$$\frac{1}{10} + \frac{5}{10} + \frac{9}{10} + 1\frac{1}{10} + 1\frac{5}{10} + 1\frac{9}{10} + 2\frac{1}{10} + 2\frac{5}{10} + 2\frac{9}{10} + \cdots$$

(   )

27 사다리꼴 ㄱㄴㄷㄹ의 각 변의 가운데를 연결하여 사다리꼴의 안쪽에 사각형 ㅁㅂㅅㅇ을 그렸더니 사각형 ㅁㅂㅅㅇ은 평행사변형이 되었습니다. 변 ㄴㄷ과 변 ㄷㄹ의 길이가 같을 때 ㉠의 크기는 몇 도입니까?

(   )°

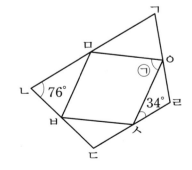

28 다음 표 안의 네 수는 모두 같은 규칙으로 쓰여진 것입니다. 규칙에 따라 ㉮에 알맞은 수를 찾아 ㉮×100의 값을 구하시오.

5.4	2.69
2.71	0.02

5.32	2.49
2.83	0.34

7.77	3.33
	㉮

(   )

29 오른쪽 그림에서 직선 가와 나는 서로 평행합니다. 각 ㉠과 각 ㉡의 각도의 차는 몇 도입니까?

(   )°

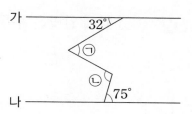

30 오른쪽 그림에서 찾을 수 있는 크고 작은 직각삼각형은 모두 몇 개입니까?

(   )개

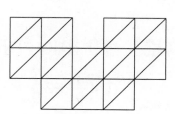

교과서 기본 과정

01 □ 안에 알맞은 수의 합은 얼마입니까?

$$1\frac{7}{9} + 2\frac{8}{9} = \boxed{}\frac{\boxed{}}{9}$$

(   )

02 □ 안에 알맞은 수를 $\bigcirc\frac{\bigcirc}{8}$이라고 할 때 $\bigcirc + \bigcirc$의 값은 얼마입니까?

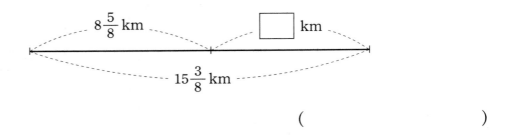

(   )

03 계산 결과가 가장 큰 것은 어느 것입니까? (   )

① $4\frac{4}{9} + 2\frac{1}{9}$ ② $3\frac{1}{9} + 3\frac{2}{9}$ ③ $7 + \frac{7}{9}$

④ $8\frac{5}{9} - 2\frac{1}{9}$ ⑤ $12\frac{7}{9} - 7\frac{3}{9}$

04 다음 설명 중 옳은 것은 어느 것입니까? (　　　　　)

① 정삼각형은 둔각삼각형입니다.
② 정삼각형은 이등변삼각형입니다.
③ 둔각삼각형은 이등변삼각형입니다.
④ 이등변삼각형은 직각삼각형입니다.
⑤ 이등변삼각형은 예각삼각형입니다.

05 오른쪽 도형은 이등변삼각형입니다. □ 안에 알맞은 수는 얼마입니까?

(　　　　　　　　　　)

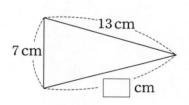

06 오른쪽 그림과 같은 삼각형이 있습니다. □ 안에 알맞은 수는 얼마입니까?

(　　　　　　　　　　)

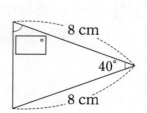

07 다음 소수에서 ㉠이 나타내는 수는 ㉡이 나타내는 수의 몇 배입니까?

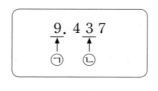

(   )배

08 다음은 일정한 규칙으로 수를 늘어놓은 것입니다. ㉠에 알맞은 수는 무엇입니까?

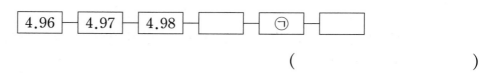

(   )

09 어느 직사각형의 가로는 9.34 m이고, 세로는 가로보다 2.18 m가 짧습니다. 이 직사각형의 둘레는 몇 m입니까?

(   )m

10 오른쪽 그림에서 평행한 두 변 ㄱㄴ과 변 ㄹㄷ
사이의 거리는 몇 cm입니까?

(   ) cm

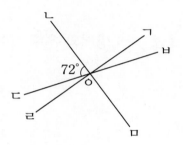

11 오른쪽 그림에서 선분 ㄴㅁ은 선분 ㄱㄹ에 대한 수선입
니다. 각 ㄱㅇㅂ의 크기는 몇 도입니까?

(   )°

12 오른쪽 그림에서 사각형 ㄱㄴㄷㄹ은 평행사변형입니다. 평행
사변형에서 각 ㄱㄷㄹ의 크기는 몇 도입니까?

(   )°

교과서 응용 과정

13 □ 안에 들어갈 수 있는 자연수는 모두 몇 개입니까?

$$\frac{4}{9} + \frac{\square}{9} < 2\frac{2}{9}$$

( )개

14 소방서와 은행 사이의 거리를 $\bigcirc\dfrac{\textcircled{\tiny ㄷ}}{\textcircled{\tiny ㄴ}}$ km라고 할 때 $\bigcirc + \textcircled{\tiny ㄴ} + \textcircled{\tiny ㄷ}$의 값은 얼마입니까?

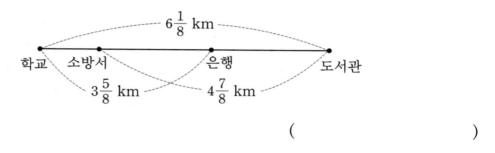

( )

15 한 변의 길이가 6 cm인 정삼각형 18개를 오른쪽 그림과 같이 붙여서 그렸을 때, 이 도형의 둘레의 길이는 몇 cm입니까?

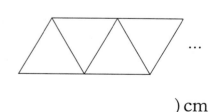

( ) cm

16 삼각형 ㄱㄴㄷ은 정삼각형이고, 삼각형 ㄱㄹㄷ은 이등변삼각형입니다. 삼각형 ㄱㄹㄷ의 세 변의 길이의 합이 26 cm라고 하면, 색칠한 도형의 네 변의 길이의 합은 몇 cm입니까?

( ) cm

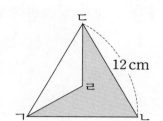

17 가영이의 키는 1.24 m입니다. 한초는 가영이보다 0.04 m 크고, 동민이는 한초보다 0.15 m 작습니다. 세 사람 중에서 키가 가장 큰 사람과 가장 작은 사람의 키의 합은 몇 cm입니까?

( ) cm

18 오른쪽 식의 □ 안에 왼쪽의 숫자들을 한 번씩만 써넣어 식을 완성하려고 합니다. 왼쪽의 숫자 중 □ 안에 들어갈 수 없는 숫자는 어느 것입니까?

$$
\begin{array}{r}
\boxed{2,\ 3,\ 4,\ 5,\ 9} \Rightarrow \\
\end{array}
\qquad
\begin{array}{r}
\square.8\,\square \\
+\ \square.\square\,7 \\
\hline
6.8\,1
\end{array}
$$

( )

19 오른쪽 그림에서 직선 가와 직선 나는 서로 평행합니다.
각 ㉠의 크기는 몇 도입니까?

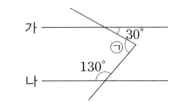

(   )°

20 다음 도형에서 찾을 수 있는 크고 작은 사다리꼴은 모두 몇 개입니까?

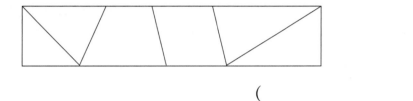

(   )개

교과서 심화 과정

21 6장의 숫자 카드를 한 번씩만 사용하여 분모가 같은 두 대분수를 만들었습니다. 두 대분수의 합이 자연수가 될 때의 값은 얼마입니까?

(   )

22 삼각형 ㄹㄴㅁ은 정삼각형이고 사각형 ㄹㅁㅂㅅ은 정사각형입니다. 이때 ㉠과 ㉡의 각의 크기의 차는 몇 도입니까?

(   )°

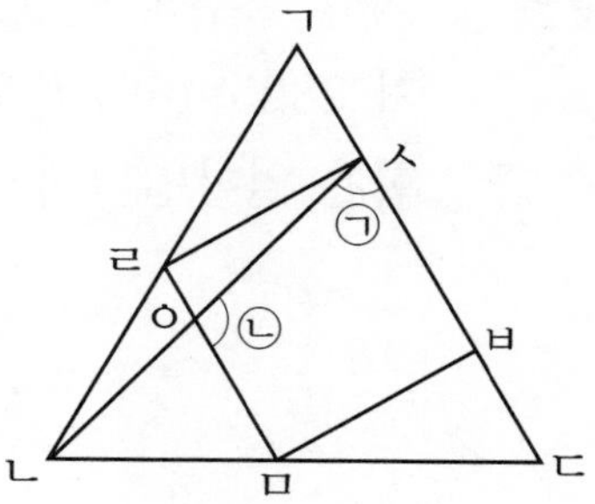

23 동물원에 늑대, 표범, 하이에나가 있습니다. 두 마리씩 무게를 재어 보니 오른쪽과 같았습니다. 가장 무거운 동물과 가장 가벼운 동물의 무게의 차를 ㉠.㉡㉢ kg이라 할 때, ㉠+㉡+㉢의 값을 구하시오.

늑대와 표범: 83.02 kg
표범과 하이에나: 80.23 kg
늑대와 하이에나: 81.23 kg

(   )

24 오른쪽 그림에서 직선 가와 나는 서로 평행하고, 각 ㉠과 각 ㉡의 각도가 같을 때, 각 ㉢의 크기는 몇 도입니까?

(   )°

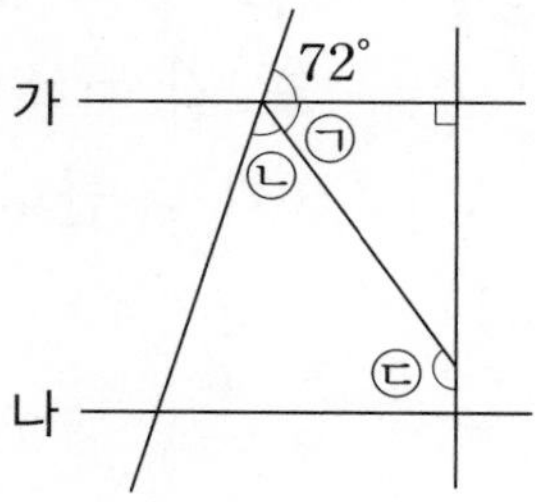

25 어떤 소수의 뺄셈 결과를 잘못하여 소수점을 빠뜨렸더니 바르게 계산한 결과와의 차가 2825.46이 되었습니다. 바르게 계산한 결과를 ㉮라 할 때, ㉮의 각 자리의 숫자의 합은 얼마입니까?

( )

창의 사고력 도전 문제

26 □ 안에 모두 같은 수가 들어간다고 할 때 □ 안에 알맞은 수는 얼마입니까?

$$\frac{2}{\square} + \frac{4}{\square} + \frac{6}{\square} + \cdots + \frac{\square-6}{\square} + \frac{\square-4}{\square} + \frac{\square-2}{\square} = 10$$

( )

27 삼각형 ㄱㄴㄷ과 삼각형 ㄱㄷㄹ은 이등변삼각형이고, 각 ㄱㄷㄴ의 크기는 각 ㄱㄷㄹ의 크기의 반보다 3°가 더 큽니다. 각 ㄴㄱㄹ은 몇 도입니까?

( )°

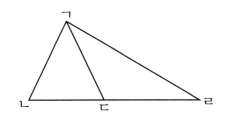

28 둘레가 1.6 km인 호수의 둘레를 영수와 정태가 같은 곳에서 동시에 출발하여 서로 반대 방향으로 걷고 있습니다. 영수의 한 걸음은 0.83 m이고 정태의 한 걸음은 0.77 m입니다. 영수와 정태가 처음으로 만났을 때, 영수와 정태가 걸은 거리의 차는 몇 m입니까? (단, 영수와 정태가 걷는 빠르기는 같습니다.)

( )m

29 오른쪽 도형에서 찾을 수 있는 크고 작은 사다리꼴은 모두 몇 개입니까?

( )개

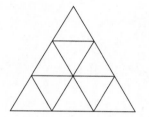

30 보기 는 규칙에 따라 색칠하여 수로 나타낸 것입니다.

규칙을 찾아  의 계산 결과에 100을 곱한 값은 얼마입니까?

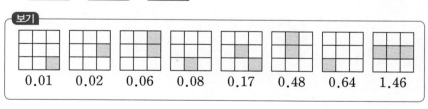

보기

0.01 0.02 0.06 0.08 0.17 0.48 0.64 1.46

( )

KMA 한국수학학력평가

학 교 명:

성 명:

현재 학년:　　　반:

답안 마킹표 (1번 ~ 30번)

OMR 카드 답안작성 예시 1 한 자릿수	예1) 답이 1 또는 선다형 답이 ①인 경우

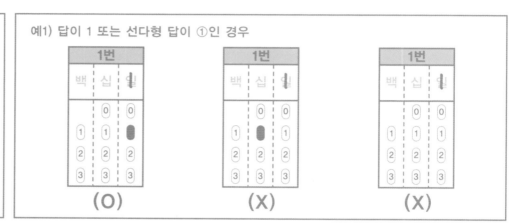

OMR 카드 답안작성 예시 2 두 자릿수	예2) 답이 12인 경우

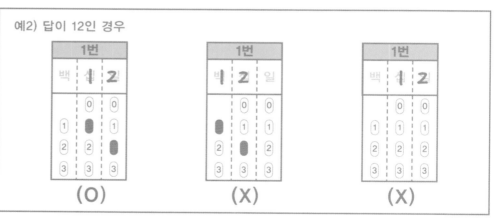

OMR 카드 답안작성 예시 3 세 자릿수	예3) 답이 230인 경우

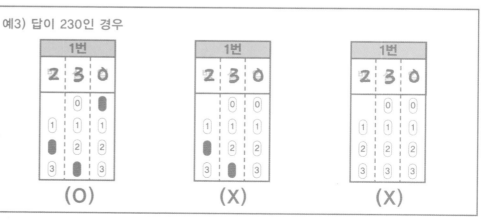

KMA 한국수학학력평가

학 교 명:

성 명:

현재 학년: 반:

번호	1번	2번	3번	4번	5번	6번	7번	8번	9번	10번

답란: 백 십 일 (각 번호)

답표기란

번호	11번	12번	13번	14번	15번	16번	17번	18번	19번	20번

답란: 백 십 일 (각 번호)

답표기란

번호	21번	22번	23번	24번	25번	26번	27번	28번	29번	30번

답란: 백 십 일 (각 번호)

답표기란

1. 모든 항목은 컴퓨터용 사인펜만 사용하여 보기와 같이 표기하시오.

  보기) ① ▌ ③

  ※ 잘못된 표기 예시 : ⊘ ⊗ ⊙ ⊘

2. 수정시에는 수정테이프를 이용하여 깨끗하게 수정합니다.

3. 수험번호(1), 생년월일(2)란에는 감독 선생님의 지시에 따라 아라비아 숫자로 쓰고 해당란에 표기하시오.

4. 답란에는 아라비아 숫자를 쓰고, 해당란에 표기하시오.

  ※ OMR카드를 잘못 작성하여 발생한 성적 결과는 책임지지 않습니다.

OMR 카드 답안작성 예시 1 한 자릿수	예1) 답이 1 또는 선다형 답이 ①인 경우

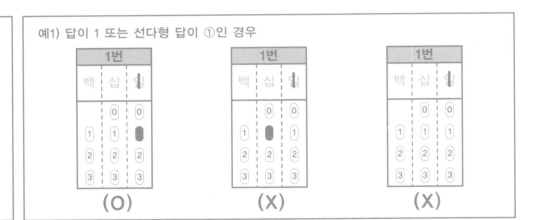

OMR 카드 답안작성 예시 2 두 자릿수	예2) 답이 12인 경우

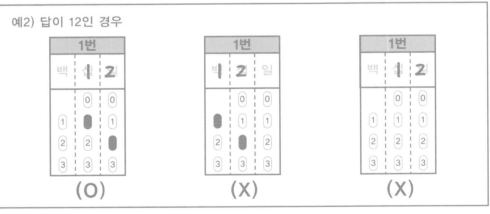

OMR 카드 답안작성 예시 3 세 자릿수	예3) 답이 230인 경우

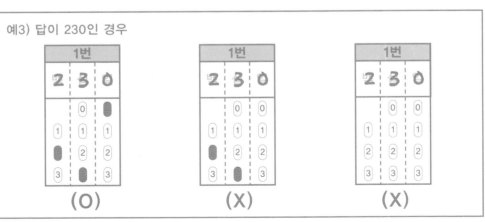

KMA
Korean Mathematics Ability Evaluation
한국수학학력평가
하반기 대비

정답과 풀이

초 **4**학년

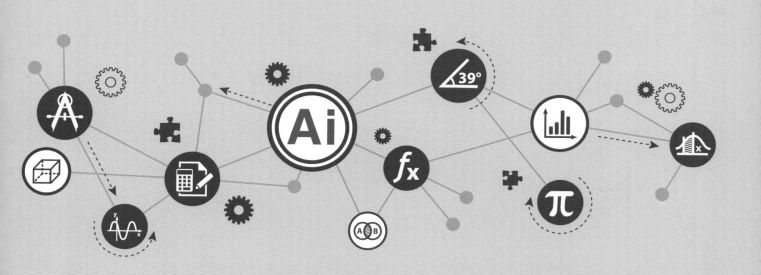

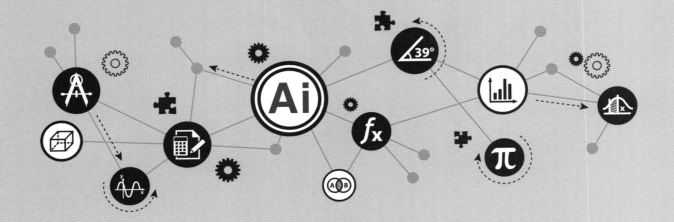

KMA
Korean Mathematics Ability Evaluation

한국수학학력평가

정답과 풀이

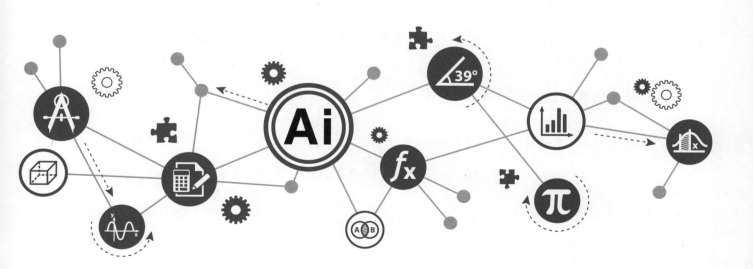

KMA 정답과 풀이

KMA 단원 평가

① 분수의 덧셈과 뺄셈　　　　8~17쪽

01	12	**02**	18	**03**	8
04	①	**05**	8	**06**	4
07	15	**08**	16	**09**	6
10	7	**11**	48	**12**	2
13	13	**14**	22	**15**	8
16	31	**17**	67	**18**	10
19	24	**20**	6	**21**	13
22	8	**23**	10	**24**	3
25	14	**26**	22	**27**	18
28	19	**29**	25	**30**	60

01 $\dfrac{7}{14}+\dfrac{5}{14}=\dfrac{12}{14}$ 이므로

$\dfrac{12}{14}$ 는 $\dfrac{1}{14}$ 이 12개인 수입니다.

02 $5+★=11$ 에서 $★=11-5=6$ 입니다.

$1\dfrac{4}{15}=\dfrac{19}{15}$ 이고 $7+■=19$ 에서

$■=19-7=12$ 입니다.

따라서 $★+■=6+12=18$ 입니다.

03 $1\dfrac{4}{9}=\dfrac{13}{9}$ 이므로 $4+□<13$ 입니다.

따라서 □ 안에 들어갈 수 있는 수는 1부터 8까지 8개의 자연수입니다.

04 ① $3\dfrac{1}{5}$　　② $2\dfrac{1}{5}$　　③ $2\dfrac{2}{5}$

④ $2\dfrac{4}{5}$　　⑤ 3

따라서 계산 결과가 가장 큰 것은 ①입니다.

05 $\dfrac{4}{5}+\dfrac{3}{5}=\dfrac{7}{5}=1\dfrac{2}{5}$ 에서 $⊙\dfrac{ⓒ}{ⓛ}=1\dfrac{2}{5}$ 이므로

$⊙+ⓛ+ⓒ=1+5+2=8$ 입니다.

06 $1\dfrac{1}{6}+2\dfrac{5}{6}=(1+2)+\left(\dfrac{1}{6}+\dfrac{5}{6}\right)$

$\qquad\qquad=3\dfrac{6}{6}=4$ (시간)

07

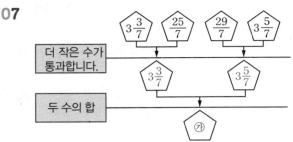

$3\dfrac{3}{7}<\dfrac{25}{7}$, $\dfrac{29}{7}>3\dfrac{5}{7}$ 이므로

$㉮=3\dfrac{3}{7}+3\dfrac{5}{7}=7\dfrac{1}{7}$ 입니다.

따라서 $⊙\dfrac{ⓒ}{ⓛ}=7\dfrac{1}{7}$ 이므로

$⊙+ⓛ+ⓒ=7+7+1=15$ 입니다.

08 $2\,L=\dfrac{16}{8}\,L$ 이므로 $\dfrac{16}{8}-\dfrac{1}{8}=\dfrac{15}{8}=1\dfrac{7}{8}$ (L)

입니다.

➡ $⊙+ⓛ+ⓒ=1+8+7=16$

09 대분수로 나타내면 $3\dfrac{2}{3}$, $3\dfrac{1}{3}$, $2\dfrac{1}{3}$, 4이므로

가장 큰 수는 4, 가장 작은 수는 $2\dfrac{1}{3}$ 입니다.

따라서 차는 $4-2\dfrac{1}{3}=3\dfrac{3}{3}-2\dfrac{1}{3}=1\dfrac{2}{3}$ 입니다.

➡ $⊙+ⓛ+ⓒ=1+3+2=6$

10 $4\dfrac{1}{4}-2\dfrac{3}{4}+5\dfrac{2}{4}=3\dfrac{5}{4}-2\dfrac{3}{4}+5\dfrac{2}{4}$

$\qquad\qquad\qquad=1\dfrac{2}{4}+5\dfrac{2}{4}=6\dfrac{4}{4}=7$

11 $□=7\dfrac{14}{23}+3\dfrac{21}{23}-2\dfrac{18}{23}$

$\quad=11\dfrac{12}{23}-2\dfrac{18}{23}$

$\quad=8\dfrac{17}{23}$

➡ $⊙+ⓛ+ⓒ=8+23+17=48$

12 (곰인형 1개의 무게)$=3\dfrac{7}{10}-2\dfrac{4}{10}$

$\qquad\qquad\qquad\qquad=1\dfrac{3}{10}$ (kg)

(빈 상자의 무게)$=2\dfrac{4}{10}-1\dfrac{3}{10}=1\dfrac{1}{10}$ (kg)

➡ $⊙+ⓛ=1+1=2$

13 (어떤 수)$-2\frac{4}{15}=8\frac{7}{15}$

(어떤 수)$=8\frac{7}{15}+2\frac{4}{15}=10\frac{11}{15}$

바르게 계산하면 $10\frac{11}{15}+2\frac{4}{15}=12\frac{15}{15}=13$

입니다.

14 네 변의 길이의 합이 120 m이므로

(가로)$+$(세로)$=120\div2=60$(m)입니다.

(세로)$=60-45\frac{2}{5}=59\frac{5}{9}-45\frac{2}{5}$

$=14\frac{3}{5}$(m)

➡ ㉠$+$㉡$+$㉢$=14+5+3=22$

15 ㉮~㉰ 마을과 ㉯~㉱ 마을의 거리의 차는

㉮~㉯ 마을과 ㉰~㉱ 마을의 거리의 차와

같습니다.

$\frac{㉡}{㉠}=7\frac{1}{5}-6\frac{3}{5}=\frac{3}{5}$(km)이므로

㉠$+$㉡$=5+3=8$입니다.

16 (가영이가 사용하고 남은 철사의 길이)

$=4\frac{5}{16}-\frac{8}{16}=3\frac{13}{16}$(m)

(석기가 사용하고 남은 철사의 길이)

$=6\frac{7}{16}-3\frac{9}{16}=2\frac{14}{16}$(m)

따라서 사용하고 남은 철사의 길이의 차는

$3\frac{13}{16}-2\frac{14}{16}=\frac{15}{16}$(m)입니다.

➡ ㉠$+$㉡$=16+15=31$

17 $\left(12\frac{2}{5}+12\frac{2}{5}+12\frac{2}{5}+12\frac{2}{5}+12\frac{2}{5}\right)$

$-\left(\frac{2}{5}+\frac{2}{5}+\frac{2}{5}+\frac{2}{5}\right)$

$=62-1\frac{3}{5}=60\frac{2}{5}$(cm)

➡ ㉠$+$㉡$+$㉢$=60+5+2=67$

18 사과 1개의 무게 : $\frac{5}{8}-\frac{3}{8}=\frac{2}{8}$(kg)

배 1개의 무게 : $1\frac{1}{8}-\frac{3}{8}=\frac{6}{8}$(kg)

바구니에 사과 5개와 배 3개를 모두 넣었을 때의 무게 :

$\frac{3}{8}+\frac{2}{8}+\frac{2}{8}+\frac{2}{8}+\frac{2}{8}+\frac{2}{8}+\frac{6}{8}+\frac{6}{8}+\frac{6}{8}$

$=\frac{3}{8}+\frac{10}{8}+\frac{18}{8}=\frac{31}{8}=3\frac{7}{8}$(kg)

➡ ㉠$+$㉡$=3+7=10$

19 $5\frac{7}{9}=\frac{52}{9}$이고, 두 분수의 분모가 같으므로

분자만 생각해 보면 $(52-4)\div2=24$이므로

작은 분수의 분자가 24, 큰 분수의 분자가

28이 됩니다.

따라서 작은 분수는 $\frac{24}{9}$입니다.

20 두 대분수의 분모가 같으므로 분모는 8로 해야

합니다.

두 대분수의 차가 가장 크려면 만들 수 있는 가

장 큰 수에서 가장 작은 수를 빼야 합니다.

따라서 두 대분수의 차가 가장 클 때의 값은

$6\frac{5}{8}-2\frac{3}{8}=4\frac{2}{8}$입니다.

➡ ㉠$+$㉡$=4+2=6$

21 ㉠$-$㉡>2이고 ㉠과 ㉡은 9보다 작습니다.

㉠$+$㉡의 값이 가장 클 때는 ㉠$=8$, ㉡$=5$일

때이므로 $8+5=13$입니다.

22 반복되는 부분이 $\frac{7}{10}$, $1\frac{8}{10}$, $\frac{9}{10}$, $\frac{6}{10}$이므로

50번째 수는 $50\div4=12\cdots2$에서 $1\frac{8}{10}$이고,

57번째 수는 $57\div4=14\cdots1$에서 $\frac{7}{10}$입니다.

따라서 50번째 수부터 57번째 수까지의 합은

$1\frac{8}{10}+\frac{9}{10}+\frac{6}{10}+\frac{7}{10}+1\frac{8}{10}+\frac{9}{10}$

$+\frac{6}{10}+\frac{7}{10}$

$=2\frac{60}{10}=8$입니다.

23 $9\frac{1}{9}=8\frac{10}{9}$이므로 첫 번째 식에서 $\square$ 안에 들어

갈 수 있는 수는 1부터 8까지의 수입니다.

$6\frac{1}{7}=5\frac{8}{7}$이므로 두 번째 식에서 $\square$ 안에 들어

갈 수 있는 수는 1부터 4까지의 수입니다.

따라서 □ 안에 공통으로 들어갈 수 있는 수의 합은 $1+2+3+4=10$입니다.

24 (책 2권의 무게)$=7\frac{1}{5}-4\frac{2}{5}=2\frac{4}{5}$ (kg)

$2\frac{4}{5}=1\frac{2}{5}+1\frac{2}{5}$이므로 책 1권의 무게는

$1\frac{2}{5}$ kg입니다.

따라서 바구니와 책 1권의 무게는

$4\frac{2}{5}-1\frac{2}{5}=3$ (kg)입니다.

25 (연못의 깊이의 2배)

$=$(막대 전체의 길이)

$\quad-$(물에 젖지 않은 부분의 길이)

$=3\frac{5}{8}-\frac{3}{8}=3\frac{2}{8}$ (m)

$3\frac{2}{8}=1\frac{5}{8}+1\frac{5}{8}$이므로

연못의 깊이는 $1\frac{5}{8}$ m입니다.

➡ ㉠＋㉡＋㉢$=1+8+5=14$

26 $3=\frac{24}{8}$이므로 (♥, ★)은 $(1, 23)$, $(2, 22)$,

$(3, 21)$, …, $(23, 1)$입니다.

이때 ♥와 ★은 서로 다른 자연수이므로

$(12, 12)$는 포함되지 않습니다.

따라서 $23-1=22$(가지)입니다.

27 목요일에 생산하는 양을 ★이라 하고, 월요일부터 수요일까지의 제품 생산량의 합을 □라

하면 일주일 동안의 생산량의 합이 $11\frac{4}{25}$ t

이므로

□＋★＋★＋★＋★$=11\frac{4}{25}$에서

□＋★$=7\frac{8}{25}$이므로

$7\frac{8}{25}$＋★＋★＋★$=11\frac{4}{25}$,

★＋★＋★$=3\frac{21}{25}$

이때 $3\frac{21}{25}=1\frac{7}{25}+1\frac{7}{25}+1\frac{7}{25}$이므로

★$=1\frac{7}{25}$입니다.

□＋★$=7\frac{8}{25}$에서

□$=7\frac{8}{25}-$★$=7\frac{8}{25}-1\frac{7}{25}=6\frac{1}{25}$ 입니다.

수요일의 생산량은 목요일의 생산량보다

$1\frac{4}{25}$ t 더 많으므로 $1\frac{7}{25}+1\frac{4}{25}=2\frac{11}{25}$ (t)입니다.

따라서 월요일과 화요일의 생산량의 합은

$6\frac{1}{25}-2\frac{11}{25}=3\frac{15}{25}$ (t)이므로

㉠＋㉡$=3+15=18$입니다.

28 분수를 3개씩 묶어 보면

$\left(\dfrac{★}{8}-\dfrac{3}{8}+\dfrac{▲}{8}\right)+\left(\dfrac{★}{8}-\dfrac{3}{8}+\dfrac{▲}{8}\right)$

$\quad+\left(\dfrac{★}{8}-\dfrac{3}{8}+\dfrac{▲}{8}\right)$

$=6$이므로

$\dfrac{★}{8}-\dfrac{3}{8}+\dfrac{▲}{8}=2$입니다.

$\dfrac{★}{8}+\dfrac{▲}{8}=2+\dfrac{3}{8}=\dfrac{19}{8}$이므로

★＋▲$=19$입니다.

29

$4\frac{7}{12}=\frac{55}{12}$이므로 ㉢의 분자는

$(55+8+4+8)\div 3=75\div 3=25$입니다.

30 $1\frac{1}{11}+2\frac{2}{11}+3\frac{3}{11}+\cdots+10\frac{10}{11}$

$=(1+2+3+\cdots+10)$

$\quad+\left(\dfrac{1}{11}+\dfrac{2}{11}+\dfrac{3}{11}+\cdots+\dfrac{10}{11}\right)$

$=55+\dfrac{55}{11}=55+5=60$

② 삼각형   18~27쪽

01 ③	**02** ①	**03** 90
04 72	**05** 2	**06** ④
07 1	**08** 135	**09** 3
10 120	**11** 13	**12** 78
13 5	**14** 100	**15** 8
16 50	**17** 30	**18** 30
19 52	**20** 12	**21** 29
22 176	**23** 75	**24** 105
25 21	**26** 12	**27** 144
28 45	**29** 14	**30** 92

01 두 변의 길이가 같은 삼각형은 이등변삼각형입니다.

02 ① 정삼각형은 이등변삼각형이라 할 수 있지만 이등변삼각형은 정삼각형이라 할 수 없습니다.

03 이등변삼각형은 두 각의 크기가 같으므로 $180° - (45° + 45°) = 90°$입니다.

04 (각 ㄴㄷㄱ)=(각 ㄷㄴㄱ)=54°이므로 (각 ㄴㄱㄷ)=$180° - (54° + 54°) = 72°$입니다.

05

07 예각삼각형 : 나, 마(2개)
둔각삼각형 : 다, 라, 바(3개)
➡ $3 - 2 = 1$(개)

08 삼각형 ㄹㄴㄷ은 정삼각형이므로
(각 ㄴㄹㄷ)= 60°입니다.
삼각형 ㄱㄴㄹ은
(변 ㄱㄴ)=(변 ㄴㄹ)=9 cm인
이등변삼각형이므로
(각 ㄱㄹㄴ)=$(180° - 30°) ÷ 2 = 75°$입니다.
➡ (각 ㄱㄹㄷ)=(각 ㄱㄹㄴ)+(각 ㄴㄹㄷ)
$= 75° + 60° = 135°$

09

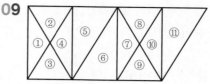

크고 작은 예각삼각형은
②, ③, ⑧, ⑨, ②+④+⑤,
⑥+⑦+⑨, ⑧+⑩+⑪로 7개입니다.
둔각삼각형은 ①, ④, ⑦, ⑩으로 4개입니다.
➡ $7 - 4 = 3$(개)

10

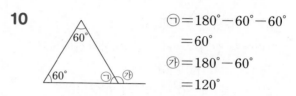

㉠$= 180° - 60° - 60°$
$= 60°$
㉮$= 180° - 60°$
$= 120°$

11 삼각형 1칸짜리 : 9개
삼각형 4칸짜리 : 3개
삼각형 9칸짜리 : 1개
따라서 정삼각형은 모두 13개입니다.

12 이등변삼각형의 둘레의 길이가 50 cm이므로
정사각형의 한 변의 길이는
$50 - (18 + 18) = 14$(cm)입니다.
따라서 도형 전체의 둘레의 길이는
$14 × 3 + 18 × 2 = 78$(cm)입니다.

13 변 ㄱㅅ과 변 ㄴㄹ은 평행하므로 평행선 사이의 거리는 $7 + 5 = 12$(cm)입니다.
(변 ㄱㄷ)=12(cm)이고 삼각형 ㄱㄴㄷ의 세 변의 길이의 합이 30 cm이므로
(변 ㄴㄷ)=$30 - 13 - 12 = 5$(cm)입니다.

14 삼각형 ㄱㄷㄹ은 이등변삼각형이므로
각 ㄱㄷㄹ의 크기는 45°입니다.
각 ㄱㄷㄴ의 크기는
$180° - (68° + 57°) = 55°$입니다.
따라서 각 ㄹㄷㄴ의 크기는
$45° + 55° = 100°$입니다.

15 삼각형 ㄱㄴㄷ, 삼각형 ㄴㄷㄹ,
삼각형 ㄷㄹㅁ, 삼각형 ㄹㅁㅂ,
삼각형 ㅁㅂㄱ, 삼각형 ㅂㄱㄴ,
삼각형 ㄱㄷㅁ, 삼각형 ㄴㄹㅂ

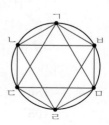

16 이등변삼각형은 두 변의 길이가 같으므로
(변 ㄱㄷ의 길이)=(변 ㄱㄹ의 길이)
$$=15 \text{ cm이고}$$
변 ㄷㄹ의 길이는 10 cm입니다.
따라서 사각형 ㄱㄴㄷㄹ의 둘레의 길이는
$15 \times 2 + 10 \times 2 = 50(\text{cm})$입니다.

17

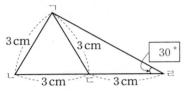

그림에서 삼각형 ㄱㄴㄷ은 정삼각형이므로
(각 ㄴㄷㄱ)=60°이고,
(각 ㄱㄷㄹ)=180°−60°=120°입니다.
삼각형 ㄱㄷㄹ은 이등변삼각형이므로
(각 ㄷㄹㄱ)=(180°−120°)÷2=30°입니다.

18 (각 ㄴㄷㄱ)={180°−(90°+60°)}÷2=15°
(각 ㄴㄷㅁ)=90°÷2=45°
따라서 (각 ㄱㄷㅁ)=45°−15°=30°입니다.

19 삼각형 ㄱㄴㄷ은 이등변삼각형이므로
각 ㄱㄷㄴ과 각 ㄱㄴㄷ의 크기가 같습니다.
(각 ㄱㄷㄴ)=180°−116°=64°이므로
각 ㄴㄱㄷ의 크기는 180°−64°−64°=52°입니다.

20 3 m=300 cm이고 정삼각형 1개를 만드는 데
$8 \times 3 = 24(\text{cm})$의 철사가 사용되므로
$300 \div 24 = 12 \cdots 12$에서 모두 12개를 만들 수 있습니다.

21 나머지 한 각의 크기는 90°보다 작아야 하므로
나머지 한 각의 크기를 가장 큰 89°라고 하면
★=180°−(62°+89°)=29°입니다.

22 $8 \times (20+2) = 176(\text{cm})$

23 (각 ㄴㄱㄷ)=(180°−40°)÷2=70°
□=360°−(70°+40°+130°+45°)=75°

24 ㉠=(180°−90°)÷2
$$=45°이므로$$
㉡=90°−45°
$$=45°입니다.$$
따라서
□=180°−(30°+45°)
$$=105°$$

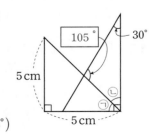

25 이등변삼각형을 만드는 데 사용한 철사의 길이
는 19+19+7=45(cm)입니다.
45 cm로 만들 수 있는 이등변삼각형에서 길이
가 같은 두 변이 짧은 변인 경우 짧은 변의 길
이를 □라 하면 □+□+(□+9)=45에서
□=12(cm)입니다.
길이가 같은 두 변이 긴 변인 경우 짧은 변의
길이를 □라 하면
□+(□+9)+(□+9)=45에서
□=9(cm)입니다.
따라서 짧은 변의 길이가 될 수 있는 경우는
12 cm와 9 cm이므로 두 길이의 합은
12+9=21(cm)입니다.

26

8개   2개   2개
➡ 8+2+2=12(개)

27 주어진 도형의 한 각의 크기는
$(3 \times 180°) \div 5 = 108°$이므로 ㉮=108°입니다.
삼각형 ㄱㄴㄷ과 삼각형 ㄱㄹㅁ은 이등변삼각
형이므로
㉰=㉱=(180°−108°)÷2=36°이고
㉯=108°−(36°×2)=36°입니다.
따라서 ㉮+㉯=108°+36°=144°입니다.

28 삼각형 ㄱㄴㅁ이 이등변삼각형이므로
(변 ㄱㅁ의 길이)=(변 ㄴㅁ의 길이)
$$=(변 ㅁㄹ의 길이)에서$$
삼각형 ㄱㄹㅁ도 이등변삼각형입니다.
(각 ㄱㅁㄴ)=180°−(70°+70°)=40°
(각 ㄱㅁㄹ)=(각 ㄱㅁㄴ)+(각 ㄴㅁㄹ)
$$=40°+90°=130°$$
(각 ㅁㄱㄹ)=(180°−130°)÷2=25°
㉠=(각 ㅁㄱㄴ)−(각 ㅁㄱㄹ)
$$=70°−25°=45°$$

29

4개   4개   4개   2개

따라서 만들 수 있는 이등변삼각형은 모두 14개입니다.

30 (각 ㄴㅁㄹ)=180°−32°=148°
삼각형 ㄴㅁㄹ이 이등변삼각형이므로
(각 ㄹㄴㅁ)=(180°−148°)÷2=16°
삼각형 ㄱㄴㄷ이 정삼각형이므로
(각 ㄱㄴㄷ)=60°
(각 ㄷㄴㄹ)=180°−(60°+60°+16°)=44°
삼각형 ㄴㄷㄹ이 이등변삼각형이므로
(각 ㄴㄷㄹ)=180°−(44°+44°)=92°

---

❸ 소수의 덧셈과 뺄셈　　28~37쪽

01 867	**02** 200	**03** 2
04 ③	**05** 210	**06** ⑤
07 926	**08** 374	**09** 120
10 13	**11** 195	**12** 915
13 72	**14** 21	**15** 50
16 210	**17** 723	**18** 617
19 168	**20** 652	**21** 938
22 9	**23** 195	**24** 161
25 161	**26** 10	**27** 20
28 25	**29** 44	**30** 572

01 1이 8개, 0.1이 6개, 0.01이 7개인 수는 8.67 이므로 8.67×100=867입니다.

02 ㉠은 일의 자리이므로 4를 나타내고 ㉡은 소수 둘째 자리이므로 0.02를 나타냅니다.
0.02의 100배는 2이고 2의 2배는 4이므로 4는 0.02의 100×2=200(배)입니다.

03 2.32$\emptyset$ 24.3$\emptyset$ (2개)

04 ㉡에 0, ㉢에 9를 넣으면 15.013>9.96이므로 ㉡>㉢입니다.
㉢에 0, ㉠에 9를 넣으면 0.96>0.942이므로 ㉢>㉠입니다.
따라서 세 수의 크기를 비교하면 ㉡>㉢>㉠ 입니다.

05 ㉠ 0.357은 35.7의 $\frac{1}{100}$배입니다.
㉡ 25.9는 0.259의 100배입니다.
㉢ 0.107은 1.07의 $\frac{1}{10}$배입니다.
따라서 □ 안에 들어갈 수들의 합은 100+100+10=210입니다.

06 ⑤ 500 cm=5 m=0.005 km

07 ㉮=3.24+1.82+4.2=9.26
㉮×100=9.26×100=926

08 가장 큰 수 : 4.8
가장 작은 수 : 1.06
차 : 4.8−1.06=3.74
➡ 3.74×100=374

09 2.08+4.93−□=5.81
7.01−□=5.81, □=7.01−5.81=1.2
㉮=1.2이므로 ㉮×100=120입니다.

10 ㉣=3
8+㉢=12, ㉢=4
1+㉡+6=13, ㉡=6
1+㉠+1=2, ㉠=0
➡ 0+6+4+3=13

11 네 변의 길이의 합이 86 cm이므로
(가로)+(세로)=86÷2=43(cm)입니다.
따라서 세로는 43−23.5=19.5(cm)입니다.
➡ 19.5×10=195

12 8.3+0.85=9.15(km)
➡ 9.15×100=915

13 480 g=0.48 kg
(포도의 무게)=1.2−0.48=0.72(kg)
➡ 0.72×100=72

14 3보다 크고 4보다 작은 수이므로 일의 자리 숫자는 3입니다.
소수를 $\frac{1}{100}$배 하면 소수 셋째 자리 숫자가 6이 므로 처음 소수의 소수 첫째 자리 숫자는 6입니다.
소수를 10배 하면 소수 둘째 자리 숫자가 7이 므로 처음 소수의 소수 셋째 자리 숫자는 7입니다.

일의 자리 숫자와 소수 둘째 자리 숫자의 합이
8이므로 소수 둘째 자리 숫자는 5입니다.
따라서 조건을 모두 만족하는 소수는 3.657입
니다. ➡ $3+6+5+7=21$

15 겹쳐진 부분 두 개의 길이는
$(5.715+5.807+4.02)-14.542=1(m)$
입니다.
따라서 겹쳐진 부분 한 개의 길이는 0.5 m입니다.
➡ $0.5\ m=50\ cm$

16 $\left(설탕\ \dfrac{1}{2}의\ 무게\right)=1.325-0.55$
$=0.775(kg)$
(설탕이 가득 찬 병의 무게)$=1.325+0.775$
$=2.1(kg)$
➡ $2.1\times100=210$

17 (동생의 몸무게)$=24.3-2.8=21.5(kg)$
(아버지의 몸무게)$=24.3+21.5+26.5$
$=72.3(kg)$
➡ $72.3\times10=723$

18 (어떤 수)$+0.09-1.675=3$
(어떤 수)$=3+1.675-0.09=4.585$
따라서 바르게 계산한 값은
$4.585-0.09+1.675=6.17$입니다.
➡ $6.17\times100=617$

19 (석기가 200 m 달리는 데 걸리는 시간)
$=17.58+17.58=35.16(초)$
(효근이가 200 m 달리는 데 걸리는 시간)
$=8.37+8.37+8.37+8.37=33.48(초)$
따라서 효근이가 $35.16-33.48=1.68(초)$
더 빨리 도착합니다.
➡ $■\times100=1.68\times100=168$

20 $6.47+(ⓒ\sim ⓔ)=4.35+8.64$
$(ⓒ\sim ⓔ)=4.35+8.64-6.47$
$=12.99-6.47=6.52(m)$
➡ $■\times100=6.52\times100=652$

21 $12.561\blacklozenge8.79=8.79-(12.561-8.79)$
$=8.79-3.771=5.019$

$9.1\blacklozenge5.019=5.019-(9.1-5.019)$
$=5.019-4.081=0.938$
➡ $▲\times1000=0.938\times1000=938$

22 가장 큰 소수 : 87.6, 두 번째로 큰 소수 : 86.7,
세 번째로 큰 소수 : 78.6
➡ $87.6-78.6=9$

23 $3.04=\dfrac{304}{100}$, $5=\dfrac{500}{100}$이므로
$\dfrac{304}{100}<\dfrac{□}{100}<\dfrac{500}{100}$에서
□ 안에 들어갈 수 있는 수는 305부터 499까지
입니다.
따라서 $499-305+1=195(개)$입니다.

24 ㉮는 공통 부분이므로
$5.4+㉰=3.79+㉱$입니다.
따라서 $㉱-㉰=5.4-3.79=1.61$이므로
$■\times100=1.61\times100=161$입니다.

25 $㉮+㉯=10.5$, $㉯+㉰=12.8$, $㉰+㉮=8.9$
$(㉮+㉯)+(㉯+㉰)+(㉰+㉮)$
$=(㉮+㉯+㉰)\times2$
$=10.5+12.8+8.9=32.2$
따라서 $㉮+㉯+㉰=16.1$입니다.
➡ $16.1\times10=161$

26 꼭짓점에 놓인 수는
두 번씩 더해지므로
전체의 수의 합과 꼭
짓점에 놓인 수들의
합을 더해 4로 나누
면 한 변에 놓인 수의
합이 됩니다. 0.3부터 1까지의 수의 합은
$0.3+0.4+0.5+\cdots+1=5.2$입니다.
$5.2+0.6+0.9+0.3+㉮=7+㉮$
$7+㉮$는 4로 나누어떨어지고 주어진 조건을 만
족하려면 $㉮=1$이어야 합니다.
따라서 $㉮\times10=1\times10=10$입니다.

27
ㄱ	ㄴ．ㄷ
$-$	ㄹ ㅁ．ㅂ

$1\ 1\ .\ 9$

ㄷ에서 ㅂ을 뺀 수가 9가 되
려면 ㄷ과 ㅂ은 1 차이가 나
야 하므로

(ㄷ, ㅂ)=(5, 6) 또는 (6, 7)입니다.
① (ㄷ, ㅂ)=(5, 6)일 때, (ㄴ, ㅁ)=(3, 1),
(9, 7), (1, 9)이어야 하는데 세 가지 모두
식이 성립하지 않습니다.
② (ㄷ, ㅂ)=(6, 7)일 때, (ㄴ, ㅁ)=(5, 3),
(3, 1), (1, 9)이어야 하는데 그중에서
(ㄴ, ㅁ)=(1, 9)이고 (ㄱ, ㄹ)=(5, 3)인
경우에만 식이 성립합니다.
따라서 ㉠=5, ㉡=6, ㉢=9이므로
㉠+㉡+㉢=5+6+9=20입니다.

28 ㉠+㉠=10 또는 11이므로
㉠은 5이어야 합니다.
㉡+㉡을 한 결과 받아올림이 있으므로
㉡은 6, 7, 8, 9 중에 하나입니다.
㉡이 6일 때 식은 성립하지 않습니다.
㉡이 7일 때 ㉢은 4, ㉣은 9가 됩니다.
㉡이 8, 9일 때도 식은 성립되지 않습니다.
따라서 ㉠+㉡+㉢+㉣=5+7+4+9=25
입니다.

29

서울역 ──2.03── 종각 동대문 청량리 석계
├──0.85──┼──0.74──┼──1.07──┤

(동대문~청량리)=2.03−(0.85+0.74)
　　　　　　　　=0.44(km)
➡ 0.44×100=44

30 간격이 일정하므로 간격을 △라 하면
㉡=㉠+△, ㉢=㉠+△+△,
㉣=㉠+△+△+△이므로
㉢+㉣=㉠+㉡+△+△+△+△입니다.
(㉢+㉣)−(㉠+㉡)=△+△+△+△
　　　　　　　　=0.72이므로
㉡+㉣=㉠+㉠+△+△+△+△
　　　=2.5+2.5+0.72
　　　=5.72입니다.
➡ ■×100=5.72×100=572

---

④ 사각형　　　　　　　　38~47쪽

01 ③	02 114	03 3
04 170	05 9	06 160
07 70	08 11	09 ①
10 10	11 28	12 4
13 72	14 11	15 59
16 20	17 180	18 48
19 80	20 80	21 9
22 91	23 105	24 132
25 15	26 108	27 119
28 38	29 31	30 34

01

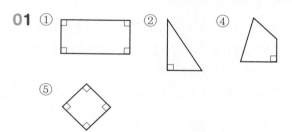

02 변 ㄱㄴ에 대한 수선은 변 ㄱㄹ, 변 ㄴㄷ으로
2개입니다.
따라서 (각 ㄹㄱㄴ)=(각 ㄷㄴㄱ)=90°입니다.
(각 ㄱㄹㄷ)=360°−90°−90°−66°=114°

04 평행선 사이의 거리는 평행선 사이의 수선의
길이이므로 1.7 m입니다.
➡ 1.7 m=170 cm

05 사각형 1개짜리 : 4개, 사각형 2개짜리 : 4개,
사각형 4개짜리 : 1개
➡ 4+4+1=9(개)

06 정사각형의 네 각은 모두 직각이므로 ㉠=90°
입니다.
평행사변형의 이웃한 두 각의 크기의 합은 180°
이므로 ㉡=180°−110°=70°입니다.
➡ ㉠+㉡=90°+70°=160°

07 (각 ㅅㅂㄷ)=180°−50°=130°
사각형 ㅇㄷㅂㅅ은 마름모이므로
(각 ㅇㄷㅂ)=180°−130°=50°입니다.
사각형 ㄱㄴㄷㅇ은 직사각형이므로
(각 ㅇㄷㄴ)=90°이고

(각 ㅁㄷㄹ)=180°−50°−90°=40°입니다.
삼각형 ㄷㄹㅁ은 이등변삼각형이므로
(각 ㄷㅁㄹ)=(180°−40°)÷2=70°입니다.

08 마름모의 네 변의 길이의 합은 평행사변형의
네 변의 길이의 합과 같으므로
8+14+8+14=44(cm)입니다.
따라서 마름모의 한 변의 길이를
44÷4=11(cm)로 그리면 됩니다.

09 정사각형은 네 변의 길이가 같으므로 마름모라
고 할 수 있습니다.

10 5+7−2=10(cm)

11 정사각형은 네 변의 길이가 모두 같으므로 한
변의 길이를 구하면 112÷4=28(cm)입니다.
따라서 정사각형의 네 각은 직각이므로 평행선
사이의 거리는 28 cm입니다.

12 선분 ㄱㄴ, 선분 ㅂㅁ, 선분 ㅇㅅ, 선분 ㄹㄷ
➡ 4개

13 사각형 ㄱㄴㄷㄹ은 마름모이므로
(각 ㄱㄹㄷ)=180°−42°=138°
(각 ㄹㄱㄴ)=(각 ㄹㄷㄴ)=42°
(각 ㄱㄹㅁ)=138°−105°=33°
삼각형 ㄱㅁㄹ은 이등변삼각형이므로
(각 ㄹㄱㅁ)=180°−33°−33°=114°
따라서 (각 ㉠)=114°−42°=72°

14 □+7=3+6+5+4
□=3+6+5+4−7=11

15

삼각형의 나머지 한 각
의 크기가
180°−32°−27°=121°
이므로
㉠=180°−121°=59°입니다.

16

(각 ㅁㄴㄹ)
=180°
−(135°+25°)
=20°

17

따라서 각 ㉠과 각 ㉡
의 크기의 합은 180°
입니다.

18 변 ㄱㄴ과 변 ㄷㄹ이 서로 평행하므로 그 거리는
16+20+12=48(cm)입니다.

19 변 ㄱㄴ과 변 ㄷㅁ은 서로 평행하므로
(각 ㅁㄷㄹ)=72°이고,
삼각형 ㄷㄹㅁ에서
(각 ㄷㅁㄹ)=180°−(72°+28°)=80°입니다.

20

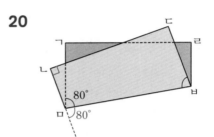

(각 ㅂㅁㄴ)=180°−80°=100°
사각형 ㄴㅁㅂㄷ에서
㉠=360°−(90°+90°+100°)=80°입니다.

21

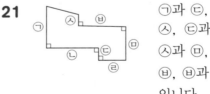

㉠과 ㉢, ㉠과 ㉤, ㉠과
㉧, ㉢과 ㉧, ㉢과 ㉤,
㉧과 ㉥, ㉡과 ㉣, ㉡과
㉤, ㉤과 ㉣로 모두 9쌍
입니다.

22 (각 ㅁㄱㄹ)=180°−120°=60°이고
평행사변형은 마주 보는 각의 크기가 같으므로
(각 ㄱㄴㄷ)=(각 ㄱㄹㄷ)=120°입니다.
(각 ㄱㄹㅁ)=120°−60°=60°이므로
삼각형 ㄱㄹㅁ은 정삼각형입니다.
(변 ㄱㄹ)=(변 ㄱㅁ)=(변 ㄹㅁ)=23(cm),
(변 ㄱㄴ)=23+11=34(cm)입니다.
평행사변형은 마주 보는 변의 길이가 같으므로
(변 ㄱㄴ)=(변 ㄷㄹ)=34(cm),
(변 ㄱㄹ)=(변 ㄴㄷ)=23(cm)입니다.
따라서 사각형 ㅁㄴㄷㄹ의 네 변의 길이의 합
은 11+23+23+34=91(cm)입니다.

23

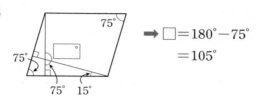

➡ □ = 180° − 75°
 = 105°

24

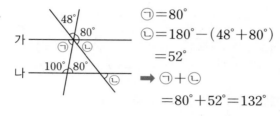

㉠ = 80°
㉡ = 180° − (48° + 80°)
 = 52°
➡ ㉠ + ㉡
 = 80° + 52° = 132°

25 마름모에서 마주 보는 각의 크기는 같으므로
(각 ㄱㄷㄹ) = (각 ㄱㅅㄹ) = 30°입니다.
삼각형 ㅈㅂㅅ에서
(각 ㅅㅈㅂ) = 180° − 90° − 30° = 60°이므로
(각 ㄱㅈㅊ) = 180° − 60° = 120°입니다.
사각형 ㅇㅊㅂㅅ에서
(각 ㅇㅊㅂ) = 360° − 90° − 90° − 30° = 150°,
(각 ㅇㅊㅂ) = (각 ㅈㅊㅁ) = 150°이고
(각 ㄴㅊㅈ) = (각 ㄴㅊㅁ)이므로
(각 ㄴㅊㅈ) = 150° ÷ 2 = 75°입니다.
마름모는 이웃한 각의 크기의 합이 180°이므로
(각 ㄷㄱㅅ) = 180° − 30° = 150°입니다.
사각형 ㄱㄴㅊㅈ의 네 각의 크기의 합은 360°
이므로
(각 ㄱㄴㅊ) = 360° − 75° − 120° − 150°
 = 15°입니다.

26

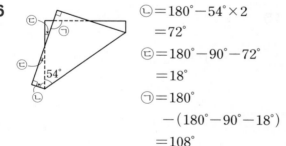

㉡ = 180° − 54° × 2
 = 72°
㉢ = 180° − 90° − 72°
 = 18°
㉠ = 180°
 − (180° − 90° − 18°)
 = 108°

27 평행선과 수직이 되도록 보조선을 그린 후 살
펴봅니다.

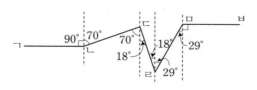

따라서 (각 ㄹㅁㅂ) = 29° + 90° = 119°입니다.

28 1개짜리 : 8개, 2개짜리 : 11개, 3개짜리 : 8개
4개짜리 : 2개, 5개짜리 : 4개, 7개짜리 : 4개
10개짜리 : 1개
따라서 찾을 수 있는 크고 작은 사다리꼴은
모두 38개입니다.

29

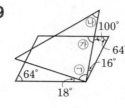

㉮ = 180° − 100° = 80°
㉠ = (360° − 64° − 64°) ÷ 2
 − 18° − 16°
 = 82°
㉯ = (180° − 82°) ÷ 2
 = 49°
➡ 80° − 49° = 31°

30

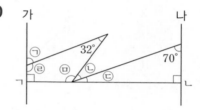

직선 가, 나에 수직인 선분 ㄱㄴ을 그으면
㉢ = 180° − 70° − 90° = 20°이므로
㉤ = 180° − ㉡ − 20° = 160° − ㉡
㉣ = 180° − ㉠입니다.
32° + 90° + 180° − ㉠ + 160° − ㉡ = 360°,
㉠ + ㉡ = 102°
따라서 ㉠ + ㉡ = 102°, ㉠ − ㉡ = 34°에서
㉠ = (102° + 34°) ÷ 2 = 68°이므로
㉡ = 68° − 34° = 34°입니다.

01	⑤	02	①	03	8
04	④	05	8	06	145
07	②	08	283	09	982
10	9	11	28	12	92
13	11	14	45	15	7
16	60	17	245	18	11
19	67	20	55	21	9
22	3	23	20	24	75
25	122	26	42	27	9
28	14	29	61	30	17

02 ① $9\frac{5}{10}$ ② $8\frac{3}{10}$ ③ $9\frac{2}{10}$

     ④ $8\frac{1}{10}$ ⑤ $7\frac{7}{10}$

     ➡ ①>③>②>④>⑤

03 $1\frac{6}{9} > \frac{\square}{9} + \frac{6}{9}$ ➡ $\frac{15}{9} > \frac{\square+6}{9}$

                   ➡ $15 > \square+6$

따라서 □ 안에 들어갈 수 있는 수 중 가장 큰 수는 8입니다.

04 두 밑각이 같으므로 이등변삼각형이고, 나머지 한 각의 크기가 $180° - (30° + 30°) = 120°$이므로 둔각삼각형입니다.

05 (변 ㄱㄴ)=(변 ㄱㄷ)=4 cm
     (변 ㄷㄹ)=(변 ㄷㄱ)=4 cm
     ➡ $4+4=8(cm)$

06 (각 ㉠)=68°, (각 ㉡)=$(180° - 26°) ÷ 2 = 77°$
     ➡ (각 ㉠)+(각 ㉡)=$68° + 77° = 145°$

07 $2\frac{31}{1000} = \frac{2031}{1000} = 2.031$

08 $0.528 - 0.245 = 0.283(kg)$ ➡ 283 g

09 $0.45 + 0.532 = 0.982(km)$ ➡ 982 m

10 (마름모의 네 변의 길이의 합)
     =(직사각형의 네 변의 길이의 합)
     $=10+8+10+8=36(cm)$
     (마름모의 한 변의 길이)=$36 ÷ 4 = 9(cm)$

11 1칸짜리 : 7개, 2칸짜리 : 6개, 3칸짜리 : 5개,
     4칸짜리 : 4개, 5칸짜리 : 3개, 6칸짜리 : 2개,
     7칸짜리 : 1개
     ➡ $7+6+5+4+3+2+1=28(개)$

12 (각 ㉡)=44°, (각 ㉠)=$180° - 44° = 136°$
     ➡ (각 ㉠)-(각 ㉡)=$136° - 44° = 92°$

13 큰 분수의 분자를 ■라 하면 작은 분수의 분자는 ■-3입니다.

     $\frac{■}{15} + \frac{■-3}{15} = \frac{19}{15}$ ➡ $■ + ■ - 3 = 19$

                   ➡ $■ = 11$

따라서 두 분수 중 큰 분수의 분자는 11입니다.

14 색 테이프 5장을 이었으므로 겹쳐진 곳은 4군데입니다.

     $10×5 - \left(1\frac{1}{4} + 1\frac{1}{4} + 1\frac{1}{4} + 1\frac{1}{4}\right)$
     $= 50 - 5 = 45(cm)$

15

예각삼각형   둔각삼각형   직각삼각형

예각은 0°보다 크고 90°보다 작은 각이므로 모두 7개입니다.

16

삼각형 ㄱㄴㄷ과 삼각형 ㄹㄴㄷ이 이등변삼각형이므로 각 ㄱㄷㄴ과 각 ㄹㄴㄷ은 각각 30°입니다.

각 ㄴㄹㄷ의 크기는 $180° - (30° + 30°) = 120°$이므로 각 ㄱㄹㄴ의 크기는 $180° - 120° = 60°$입니다.

17 (유승이의 몸무게)=$44.54 - 3.26$
                   $= 41.28(kg)$
     (고양이의 무게)=$43.73 - 41.28$
                  $= 2.45(kg)$
     ➡ $2.45 × 100 = 245$

18 $\begin{array}{r} 6.92 \\ -1.75 \\ \hline 5.17 \end{array}$ ➡ ㉠=6, ㉥=5이므로
㉠+㉥=11입니다.

19 ㉠=180°−61°−52°=67°
직선 가와 나는 평행하므로
□=(각 ㉠)=67°입니다.

20 1칸짜리 : 25개, 4칸짜리 : 16개
9칸짜리 : 9개, 16칸짜리 : 4개
25칸짜리 : 1개
➡ 25+16+9+4+1=55(개)

21

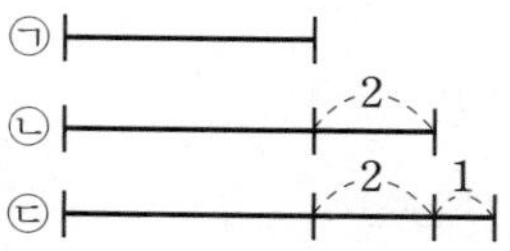

세 가분수의 합이 $\frac{23}{4}$ 이므로
(23−5)÷3=6으로
㉠의 분자는 6, ㉡의 분자는 8, ㉢의 분자는 9입니다.
따라서 세 가분수는 ㉠=$\frac{6}{4}$, ㉡=$\frac{8}{4}$, ㉢=$\frac{9}{4}$ 입니다.

22 각 삼각형의 나머지 한 각의 크기를 알아보면 다음과 같습니다.
㉠ 75° ㉡ 90° ㉢ 30° ㉣ 100°
㉤ 100° ㉥ 60° ㉦ 60° ㉧ 55°
예각삼각형은 세 각의 크기가 모두 90°보다 작은 삼각형이므로 예각삼각형은 ㉠, ㉢, ㉦으로 3개입니다.

23 트럭은 오토바이보다 2.09 km 더 갔고,
버스보다 3.81 km 더 갔으므로
(오토바이와 버스가 간 거리의 차)
=3.81−2.09=1.72(km)입니다.
택시는 오토바이보다 4.96 km 더 갔고,
오토바이는 버스보다 1.72 km 더 갔으므로
(택시와 버스가 간 거리의 차)
=4.96+1.72=6.68(km)입니다.
➡ ㉠+㉡+㉢=6+6+8=20

24 사각형 ㄱㄴㄷㄹ은 평행사변형이므로
(각 ㄱㄹㄷ)=180°−75°=105°이고,
삼각형 ㄴㄷㄹ은 이등변삼각형이므로
(각 ㄴㄹㄷ)=(각 ㄴㄷㄹ)=75°,
(각 ㄴㄹㅁ)=105°−75°=30°입니다.
삼각형 ㅂㄴㄹ이 정삼각형이므로
(각 ㅁㄴㄹ)=60°이고
(각 ㄴㄹㅁ)=30°이므로
(각 ㄴㅁㄹ)=180°−60°−30°=90°입니다.
사각형 ㄱㄴㄷㄹ이 평행사변형이므로
(변 ㄱㄹ)=(변 ㄴㄷ)이고
삼각형 ㄴㄷㄹ이 이등변삼각형이므로
(변 ㄴㄷ)=(변 ㄴㄹ)=(변 ㄱㄹ)이고
삼각형 ㄹㄱㄴ은 이등변삼각형입니다.
사각형 ㄱㄴㄷㄹ이 평행사변형이므로
(각 ㄴㄷㄹ)=(각 ㄴㄱㄹ)=75°입니다.
삼각형 ㄹㄱㄴ은 이등변삼각형이므로
(각 ㄱㄴㄹ)=75°이고 삼각형 ㅂㄴㄹ이 정삼각형이므로 (각 ㄱㄴㅁ)=75°−60°=15°입니다.
➡ (각 ㄴㅁㄹ)−(각 ㄱㄴㅁ)=90°−15°=75°

25

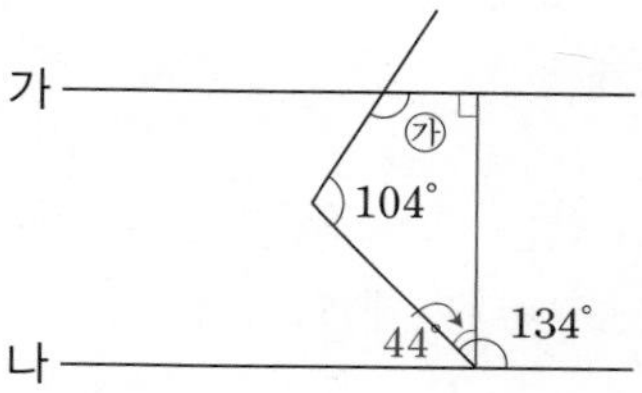

(각 ㉮)=360°−(90°+104°+44°)=122°

26 ★과 ◆은 0이 아닌 서로 다른 숫자이므로 합이 가장 작은 경우는 3이고 $\frac{3}{7}+\frac{5}{7}=1\frac{1}{7}$이므로
★과 ◆의 합은 9이거나 9보다 작아야 합니다.
따라서 ★과 ◆의 합이 될 수 있는 수의 값을 모두 더하면 3+4+5+6+7+8+9=42입니다.

27 별의 개수가 243개이므로 가장 작은 정삼각형의 수는 243÷3=81(개)입니다.
1+3+5+7+9+11+13+15+17=81이므로 9번째에 만들어지게 됩니다.

28 규칙에 따라 나열한 소수는 20개이며 자연수 부분과 소수 부분으로 나누어서 규칙을 알아보고 합을 구합니다.
① 자연수 부분의 합 :
1+3+5+7+9+⋯+39
=(1+39)×20÷2=400

② 소수 부분의 합 :

$(0.41+0.32+0.23+0.14) \times 5$
$=1.1 \times 5=1.1+1.1+1.1+1.1+1.1$
$=5.5$

따라서 나열한 모든 소수의 합 ㉮는
$400+5.5=405.5$이므로
㉮의 각 자리의 숫자의 합은
$4+0+5+5=14$입니다.

29

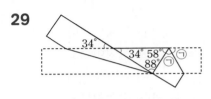

㉠$=(180°-58°) \div 2=61°$

30

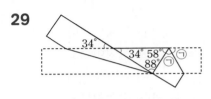

따라서 만들 수 있는 크고 작은 정사각형은
모두 $8+2+5+2=17$(개)입니다.

02 $\dfrac{\Box}{8}+\dfrac{3}{8}=1\dfrac{2}{8}=\dfrac{10}{8}$

$\dfrac{\Box}{8}=\dfrac{10}{8}-\dfrac{3}{8}=\dfrac{7}{8}$

따라서 □ 안에 알맞은 수는 7입니다.

03 가장 큰 수 : 7, 가장 작은 수 : $3\dfrac{5}{8}$

➡ $7-3\dfrac{5}{8}=3\dfrac{3}{8}$이므로

㉠$+$㉡$+$㉢$=3+8+3=14$입니다.

04 변 ㄱㄴ과 변 ㄱㄷ의 길이가 같으므로 변 ㄱㄷ의
길이는 12 cm입니다.
따라서 세 변의 길이의 합은
$12+18+12=42$(cm)입니다.

05 삼각형 ㄱㄴㄷ은 정삼각형이므로
각 ㄱㄷㄴ은 60°입니다.
삼각형 ㄷㄹㅁ은 이등변삼각형이므로
(각 ㅁㄷㄹ)$=(180°-120°) \div 2=30°$입니다.
따라서 (각 ㄱㄷㅁ)$=180°-60°-30°=90°$입
니다.

06 나머지 한 각의 크기는
$180°-(20°+60°)=100°$이므로
둔각삼각형입니다.

07 ③ 58.427에서 소수 셋째 자리 숫자는 7입니다.

08 채소의 무게의 합은
$2.765+3.87+2.092=8.727$입니다.
➡ $8+7+2+7=24$

09 (수학체험실의 가로)
$=32.26-5.3-3.09-6.87=17$(m)

10 (각 ㄹㅇㅂ)$=($각 ㄴㅅㅇ$)=180°-45°=135°$

11 마주 보는 한 쌍의 변이 평행한 사각형을 찾아
보면 모두 4개입니다.

12 정삼각형은 세 변의 길이가 같으므로
(변 ㄴㅁ)$=7$ cm이고
평행사변형은 마주 보는 변의 길이가 같으므로
(변 ㄹㅁ)$=($변 ㄴㄷ$)=9$ cm,
(변 ㄴㅁ)$=($변 ㄷㄹ$)=7$ cm입니다.
(사각형 ㄱㄴㄷㄹ의 네 변의 길이의 합)

---

②회 58~67쪽

01	③	02	7	03	14
04	42	05	90	06	②
07	③	08	24	09	17
10	135	11	4	12	39
13	27	14	11	15	48
16	70	17	10	18	785
19	85	20	67	21	30
22	80	23	20	24	9
25	6	26	93	27	21
28	28	29	144	30	38

01 $3-\dfrac{2}{7}=2\dfrac{7}{7}-\dfrac{2}{7}=2\dfrac{5}{7}$

=(변 ㄱㄴ)+(변 ㄴㄷ)+(변 ㄷㄹ)
　+(변 ㄹㅁ)+(변 ㄱㅁ)
=7+9+7+9+7=39(cm)입니다.

13 $\frac{2}{7}+\frac{\square}{7}=\frac{2+\square}{7}>\frac{28}{7}$ 에서

2+□>28이므로 □ 안에 들어갈 수 있는 수 중에서 가장 작은 자연수는 27입니다.

14 $2\frac{13}{20}+1\frac{14}{20}=3\frac{27}{20}=4\frac{7}{20}$ (km)

➡ ㉠+㉡=4+7=11

15 꼭짓점 ㄱ을 화살표 방향으로 3칸 옮기면 (변 ㄱㄷ)=(변 ㄴㄷ)인 직각삼각형이 됩니다. 이때 삼각형 ㄱㄴㄷ은 이등변삼각형이므로 (각 ㄷㄱㄴ)=(180°-90°)÷2=45°입니다.

➡ ㉠+㉡=3+45=48

16 삼각형 ㄱㄷㄹ은 이등변삼각형이므로 (각 ㄹㄷㄱ)=(180°-110°)÷2=35°입니다. 삼각형의 세 각의 크기의 합은 180°이므로 (각 ㄱㄷㄴ)=180°-(115°+30°)=35°입니다. 따라서 (각 ㄹㄷㄴ)=35°+35°=70°입니다.

17 1 mL는 0.001 L입니다. 25 mL=0.025 L이 므로 작은 상자에는 물약이 0.025 L의 10배인 0.25 L가 들어 있습니다. 큰 상자에는 0.25 L의 10배가 들어 있으므로 큰 상자에 들어 있는 물약은 2.5 L입니다. 큰 상자가 4개 있으므로 2.5+2.5+2.5+2.5=10(L)입니다.

18 • 3.5와 3.6을 5칸으로 나누었으므로 작은 눈 금 한 칸은 0.02를 나타냅니다.
　➡ ㉮=3.5+0.02=3.52
• 4.3과 4.4를 10칸으로 나누었으므로 작은 눈 금 한 칸은 0.01을 나타냅니다.
　➡ ㉯=4.3+0.01+0.01+0.01=4.33
따라서 ㉮+㉯=3.52+4.33=7.85이므로
★×100=7.85×100=785입니다.

19 (각 ㉠)=55°, (각 ㉡)=180°-40°=140°
　➡ ㉡-㉠=140°-55°=85°

20

(각 ㉠)=51°, (각 ㉡)=180°-51°-62°=67°
□=(각 ㉡의 크기)이므로 □ 안에 알맞은 각 도는 67°입니다.

21 $6\frac{3}{7}=\frac{45}{7}$ 이고, 분자를 비교하면

작은 분수　├┈┤　　　　　45÷3=15

큰 분수　├┈┼┈┤　(45÷3)×2=30

따라서 큰 분수는 $\frac{30}{7}$ 입니다.

22

㉠=180°-140°=40°
㉡=180°-40°-40°=100°
➡ □=180°-100°=80°

23 1.22-0.99=0.23, 1.45-1.22=0.23,
1.68-1.45=0.23, …이므로
0.23씩 커지는 규칙입니다.
(101번째 수)=0.99+(0.23의 100배)
　　　　　　=0.99+23=23.99
(303번째 수)
=1.45+(0.23의 100배)+(0.23의 100배)
　+(0.23의 100배)
=1.45+23+23+23=70.45
따라서 101번째 수와 303번째 수의 차는
70.45-23.99=46.46입니다.
➡ 4+6+4+6=20

24 사다리꼴 : ㄱㄴㅂㅁ, ㅁㅂㅅㅇ, ㅅㅇㄷㄹ,
ㄱㄴㅇㅅ, ㅁㅂㄷㄹ, ㄱㄴㄷㄹ ➡ 6개
평행사변형 : ㄱㄴㅇㅅ, ㅅㅇㄷㄹ, ㄱㄴㄷㄹ
　　　　　 ➡ 3개
따라서 △+□=6+3=9(개)입니다.

25

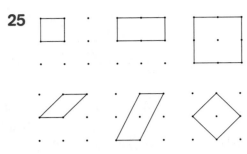

따라서 6가지입니다.

26

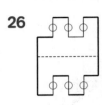

왼쪽 그림에서 굵은 선의 길이의 합은 자르기 전의 정사각형의 둘레와 같으므로 이어 붙인 도형의 둘레는 정사각형의 둘레에 ○표 한 선분의 길이를 더한 것과 같습니다.

$$\Rightarrow 15 \times 4 + 5\frac{1}{2} + 5\frac{1}{2} + 5\frac{1}{2} + 5\frac{1}{2} + 5\frac{1}{2} + 5\frac{1}{2}$$

$$= 60 + 30\frac{6}{2} = 60 + 33 = 93(\text{cm})$$

27 $3.96 + 14.25 = \textcircled{7} + 8.37$

$\textcircled{7} = 3.96 + 14.25 - 8.37 = 9.84$

따라서 각 자리 숫자의 합은

$9 + 8 + 4 = 21$입니다.

28 $33.\square\square3 < 33.28$의 조건을 만족하는 소수 세 자리 수는

$33.003, 33.013, 33.023, \cdots, 33.273$

으로 모두 28개입니다.

29 변 ㄱㄹ과 변 ㄴㄷ은 서로 평행하므로

각 ㄹㄱㅅ과 각 ㄴㅅㄱ은 서로 같습니다.

(각 ㄴㅅㄱ)$= 60° + 24° = 84°$

(각 ㄱㅅㄷ)$= 180° - 84° = 96°$

사각형 ㄱㅅㅇㅂ의 네 각의 크기의 합은 360°이므로

(각 ㅅㅇㅂ)$= 360° - (60° + 96° + 60°)$

$\qquad = 144°$입니다.

30 (1) 대각선을 포함하지 않는 경우 직사각형 모양의 사다리꼴의 개수를 알아보면, 한 칸짜리 8개, 두 칸짜리 10개, 세 칸짜리 4개, 네 칸짜리 5개, 여섯 칸짜리 2개, 여덟 칸짜리 1개로 모두 30개입니다.

(2) 대각선을 포함하는 경우 다음과 같이 8개의 사다리꼴이 만들어집니다.

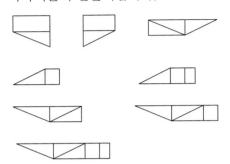

따라서 사다리꼴은 모두 38개입니다.

③ 회   68~77쪽

01 6	**02** 36	**03** 12
04 50	**05** ③	**06** 6
07 ④	**08** 27	**09** ④
10 115	**11** ③	**12** 9
13 3	**14** 12	**15** 20
16 13	**17** 18	**18** 771
19 83	**20** 26	**21** 5
22 13	**23** 60	**24** 60
25 57	**26** 27	**27** 20
28 186	**29** 15	**30** 15

01 $3\frac{3}{5} + 2\frac{2}{5} = 5\frac{5}{5} = 6(\text{m})$

02 3은 $\frac{1}{6}$이 18개, $2\frac{1}{6}$은 $\frac{1}{6}$이 13개이므로

$3 - 2\frac{1}{6}$은 $\frac{1}{6}$이 5개입니다.

$$\Rightarrow 3 - 2\frac{1}{6} = \frac{18}{6} - \frac{13}{6} = \frac{5}{6}$$

따라서 ■ + ▲ + ● $= 18 + 13 + 5 = 36$입니다.

03 $6\frac{2}{8} - 3\frac{7}{8} + 9\frac{5}{8} = 2\frac{3}{8} + 9\frac{5}{8} = 11\frac{8}{8} = 12$

04 (각 ㄴㄷㄱ)$=$(각 ㄷㄴㄱ)$= 65°$이므로

(각 ㄴㄱㄷ)$= 180° - (65° + 65°) = 50°$입니다.

05 세 각이 모두 예각이므로 예각삼각형입니다.

06 주어진 세 삼각형에서 찾을 수 있는 예각은
$3+2+2=7$(개)이고, 둔각은 1개입니다.
➡ $7-1=6$(개)

08 $10-\square=9.973$, $\square=10-9.973=0.027$
0.027의 1000배는 27입니다.

09 ① 0.3의 $\frac{1}{100}$배는 0.003입니다.
② $6.475=6+0.4+0.07+0.005$
③ $6.475\emptyset$
⑤ 0.005는 0.5를 $\frac{1}{100}$배 한 수입니다.

10

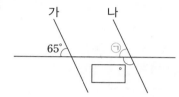

㉠$=65°$이므로 $\square=180°-65°=115°$입니다.

11 ③ 직사각형은 네 각이 모두 같지만 네 변의 길이가 모두 같지는 않습니다.

12 정삼각형은 세 변의 길이가 모두 같으므로
(철사의 길이)$=12\times3=36$(cm)입니다.
마름모는 네 변의 길이가 모두 같으므로
(마름모의 한 변의 길이)$=36\div4=9$(cm)입니다.

13 $7\frac{3}{11}-2\frac{9}{11}=6\frac{14}{11}-2\frac{9}{11}=4\frac{5}{11}$입니다.
$4\frac{5}{11}>㉠\frac{6}{11}$이므로 ㉠에 들어갈 수 있는 자연수는 1, 2, 3으로 모두 3개입니다.

14 두 대분수의 차가 가장 크려면 가장 큰 분수와 가장 작은 분수의 차를 구하면 됩니다.
또한 두 대분수의 분모가 같으므로 분모는 6이 됩니다.
가장 큰 분수 : $8\frac{5}{6}$, 가장 작은 분수 : $3\frac{4}{6}$,
차 : $8\frac{5}{6}-3\frac{4}{6}=5\frac{1}{6}$
➡ ㉠$+$㉡$+$㉢$=5+6+1=12$

15 삼각형 ㄴㄱㄷ이 이등변삼각형이므로
(각 ㄴㄱㄷ)$=$(각 ㄴㄷㄱ)$=40°$입니다.

(각 ㄱㄴㄷ)$=180°-(40°+40°)=100°$이므로
(각 ㄷㄴㄹ)$=180°-100°=80°$입니다.
삼각형 ㄴㄷㄹ이 이등변삼각형이므로
각 ㄴㄷㄹ의 크기는
$180°-(80°+80°)=20°$입니다.

16 삼각형의 나머지 두 각의 크기는 각각 $60°$이므로
삼각형은 한 변의 길이가 12 cm인 정삼각형입니다.
따라서 삼각형의 세 변의 길이의 합은
$12\times3=36$(cm)입니다.
그러므로 만든 삼각형의 개수는
$500\div36=13\cdots32$에서 13개입니다.

17 ・$88.20\boxed{㉡}>88.2\boxed{㉢}8$에서 자연수 부분과 소수 첫째 자리 숫자가 각각 같고, $88.20\boxed{㉡}$의 소수 둘째 자리 숫자가 0이므로 ㉢$=0$이고 ㉡은 8보다 큰 9입니다.
・$8\boxed{㉠}.042>88.209$에서 십의 자리 숫자가 같고, 소수 첫째 자리 숫자가 $0<2$이므로 ㉠은 8보다 큰 9입니다.
➡ ㉠$+$㉡$+$㉢$=9+9+0=18$

18 (서점~학교)$=$(집~학교)$-$(집~서점)
$=2.471-1.7=0.771$(km)
➡ 771 m

19

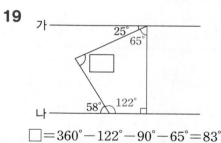

$\square=360°-122°-90°-65°=83°$

20 마름모에서 이웃한 두 각의 크기의 합은
$180°$이므로
(각 ㄴㄷㅂ)$=180°-142°=38°$입니다.
사각형 ㄷㄹㅁㅂ은 정사각형이므로
(각 ㄴㄷㄹ)$=38°+90°=128°$입니다.
(변 ㄴㄷ)$=$(변 ㄷㄹ)이므로
삼각형 ㄴㄷㄹ은 이등변삼각형입니다.
➡ (각 ㄷㄴㄹ)$=(180°-128°)\div2=26°$

21 수족관에서 1분에 줄어드는 물의 양을 먼저 구하면 $5-2\frac{3}{5}=\frac{25}{5}-\frac{13}{5}=\frac{12}{5}$ (L)입니다.

$12=\frac{60}{5}=\frac{12}{5}+\frac{12}{5}+\frac{12}{5}+\frac{12}{5}+\frac{12}{5}$

이므로 수족관의 물이 모두 빠져 나가는데는 5분이 걸립니다.

22 가장 큰 정삼각형 : 1개
두 번째로 큰 정삼각형 : 4개
세 번째로 큰 정삼각형 : 4개
가장 작은 정삼각형 : 4개
➡ $1+4+4+4=13$(개)

23 0.3은 0.001이 300개이고,
0.005는 0.001이 5개이므로
0.3은 0.005의 $300÷5=60$(배)입니다.

24

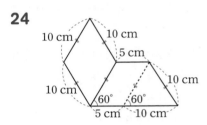

(도형의 둘레)$=10×5+5×2=60$(cm)

25 선분 ㅅㅇ을 연장시킨 보조선을 그어 구합니다.

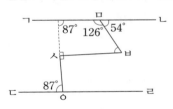

(각 ㅁㅂㅅ)$=360°-(87°+126°+90°)=57°$

26 $◆+★+♥=13$에서
$◆+◆+3\frac{5}{13}+(◆×3)=13$,
$◆×5=13-3\frac{5}{13}=12\frac{13}{13}-3\frac{5}{13}$
$=9\frac{8}{13}=\frac{125}{13}$
$◆×5=\frac{125}{13}=\frac{25}{13}+\frac{25}{13}+\frac{25}{13}+\frac{25}{13}+\frac{25}{13}$
이므로 $◆=\frac{25}{13}=1\frac{12}{13}$입니다.

$★=◆+3\frac{5}{13}=1\frac{12}{13}+3\frac{5}{13}=5\frac{4}{13}$,

$♥=◆×3=◆+◆+◆$
$=1\frac{12}{13}+1\frac{12}{13}+1\frac{12}{13}=5\frac{10}{13}$

세 분수 중 가장 큰 분수는 $5\frac{10}{13}$이고, 가장 작은 분수는 $1\frac{12}{13}$이므로 두 분수의 차는

$5\frac{10}{13}-1\frac{12}{13}=3\frac{11}{13}$입니다.

➡ ㉠$+$㉡$+$㉢$=3+13+11=27$

27 삼각형 ㄹㄴㄷ은 이등변삼각형이므로
(각 ㄹㄷㄴ)$=(180°-30°)÷2=75°$입니다.
각 ㄹㄷㄴ의 크기는 각 ㄹㄷㄱ의 크기의 3배이므로 (각 ㄹㄷㄱ)$=75°÷3=25°$이고,
(각 ㄱㄷㄴ)$=75°-25°=50°$입니다.
(각 ㄹㄴㅁ)$=180°-75°=105°$이고
각 ㄹㄴㅁ의 크기는 각 ㄹㄴㄱ의 크기의 3배이므로 (각 ㄹㄴㄱ)$=105°÷3=35°$이고
(각 ㄱㄴㄷ)$=35°+75°=110°$입니다.
따라서 삼각형 ㄱㄴㄷ에서
(각 ㄴㄱㄷ)$=180°-110°-50°=20°$입니다.

28 ㉮$=0.286+0.047=0.333$
㉯$=0.194-0.047=0.147$
따라서 ㉮$-$㉯$=0.333-0.147=0.186$이고,
0.186의 1000배는 186입니다.

29 (세로, 가로) ➡ (1, 1), (1, 2), (1, 3),
(1, 4), (1, 6), (1, 7),
(3, 2), (3, 3), (3, 4),
(3, 6), (3, 7), (4, 2),
(4, 4), (4, 6), (4, 7)
따라서 서로 다른 사각형은 모두 15가지입니다.

30

세로＼가로	1	2	4	8
1	(1, 1)	(2, 1)	(4, 1)	(8, 1)
2	(1, 2)	(2, 2)	(4, 2)	(8, 2)
3	(1, 3)	(2, 3)	(4, 3)	(8, 3)
6	(1, 6)	(2, 6)	(4, 6)	(8, 6)

주어진 직사각형의 세로 부분은 1 cm, 2 cm, 3 cm, 6 cm로 나눌 수 있으며, 가로 부분은 1 cm, 2 cm, 4 cm, 8 cm로 나눌 수 있으므로

주어진 직사각형을 덮을 수 있는 직사각형 모양을 모두 찾아보면 표와 같습니다.
이때 (2, 1)과 (1, 2)는 같은 경우이므로 모두 15가지가 있습니다.

④회   78~87쪽

01 5		**02** 32		**03** 15	
04 130		**05** ⑤		**06** 21	
07 ⑤		**08** ⑤		**09** 200	
10 80		**11** 70		**12** 53	
13 8		**14** 108		**15** 19	
16 14		**17** 20		**18** 22	
19 59		**20** 108		**21** 12	
22 135		**23** 7		**24** 3	
25 35		**26** 2		**27** 22	
28 12		**29** 25		**30** 9	

01 $7\frac{4}{5}-1\frac{2}{5}-1\frac{2}{5}=5$

02 $\frac{13}{20}+\frac{18}{20}=\frac{31}{20}=1\frac{11}{20}$ (L)
➡ ㉠+㉡+㉢=1+20+11=32

03 $2\frac{7}{18}+4\frac{17}{18}=7\frac{6}{18}$ 이므로 $7\frac{\square}{18}<7\frac{6}{18}$ 에서 □ 안에 들어갈 수 있는 수는 1, 2, 3, 4, 5입니다.
➡ 1+2+3+4+5=15

04
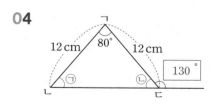

이등변삼각형이므로 각 ㉠과 각 ㉡의 크기가 같습니다.
(각 ㉠)=(각 ㉡)=(180°−80°)÷2=50°
따라서 □=180°−50°=130°입니다.

05 삼각형의 나머지 한 각의 크기는
180°−(92°+44°)=180°−136°=44°입니다.
두 각의 크기가 44°로 서로 같으므로 이 삼각형은 이등변삼각형입니다.
또한 한 각의 크기가 90°보다 크므로 둔각삼각형입니다.

06 사각형 ㄱㄴㄷㄹ에서 변 ㄱㄴ과 변 ㄹㄷ은 서로 평행하므로 평행선 사이의 거리는 변 ㄱㄹ의 길이와 같습니다.
삼각형 ㄷㄹㅁ에서
(각 ㄹㄷㅁ)=180°−90°−45°=45°이므로
삼각형 ㄷㄹㅁ은 이등변삼각형입니다.
따라서 (변 ㄹㅁ)=(변 ㄷㄹ)=12(cm)입니다.
삼각형 ㄱㄴㅁ에서
(각 ㄴㅁㄱ)=180°−45°−90°=45°이므로
삼각형 ㄱㄴㅁ은 이등변삼각형입니다.
따라서 (변 ㄱㅁ)=(변 ㄱㄴ)=9(cm)입니다.
그러므로 평행선 사이의 거리는
(변 ㄱㅁ)+(변 ㄹㅁ)=9+12=21(cm)
입니다.

07 $\frac{27}{1000}$ 은 0.027입니다.

08 0.01씩 뛰어 세는 규칙이므로 소수 둘째 자리 숫자가 1씩 커집니다.

09 5는 0.05의 100배이고,
4.09는 409의 $\frac{1}{100}$ 배입니다.
따라서 ㉮+㉯=100+100=200입니다.

10 360°−(100°+90°+90°)=80°

11 (각 ㉠)=180°−55°=125°, (각 ㉡)=55°
➡ 125°−55°=70°

12 (각 ㄷㅇㅅ)=(각 ㄱㅅㅁ)=127°
➡ (각 ㄹㅇㅅ)=180°−127°=53°

13 분모가 같으므로 분자의 크기로 생각하면 합이 23이고 차가 7인 두 수 중 작은 수를 구합니다.
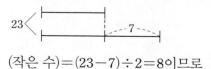

(작은 수)=(23−7)÷2=8이므로

작은 분수는 $\frac{8}{12}$입니다.

14 $(20 \times 6) - \left(2\frac{2}{5} + 2\frac{2}{5} + 2\frac{2}{5} + 2\frac{2}{5} + 2\frac{2}{5}\right)$

$= 120 - 12 = 108(cm)$

15 ㉠이 가장 작은 자연수가 되려면 나머지 한 각의 크기는 가장 큰 자연수여야 합니다. 예각삼각형은 한 각의 크기가 0°보다는 크고 90°보다는 작으므로 가장 큰 자연수는 89°입니다.
따라서 ㉠이 될 수 있는 자연수는
$180 - 72 - 89 = 19$입니다.

16 삼각형 1칸짜리 : 6개
삼각형 2칸짜리 : 4개
삼각형 6칸짜리 : 4개
➡ $6 + 4 + 4 = 14$(개)

17
```
  7 3 . 2 8
-   8 . 4 3 7
─────────────
  6 4 . 8 4 3
```
➡ $7 + 3 + 4 + 3 + 3 = 20$

18 27.4의 $\frac{1}{10}$ ➡ 2.74

0.36의 10배 ➡ 3.6

18.2의 $\frac{1}{100}$ ➡ 0.182

5.209의 100배 ➡ 520.9

527.422

➡ $5 + 2 + 7 + 4 + 2 + 2 = 22$

19 ㉠$= 78°$, ㉡$= 43°$
이므로
□$= 180° - 78° - 43°$
$= 59°$입니다.

20 정삼각형은 세 변의 길이가 모두 같고 마름모는 네 변의 길이가 모두 같으므로
(선분 ㄷㄹ)=(선분 ㄹㅁ)=(선분 ㅅㄹ)입니다.
(선분 ㄷㄹ)+(선분 ㄹㅁ)=36 cm이므로
(선분 ㄷㄹ)=(선분 ㄹㅁ)=18(cm)이고
(선분 ㅅㄷ)=(선분 ㄷㄹ)=(선분 ㄹㅅ)
　　　=(선분 ㄹㅁ)=(선분 ㅁㅂ)
　　　=(선분 ㅂㅅ)=18(cm)입니다.

평행사변형 ㄱㄴㄷㅅ에서
(선분 ㅅㄷ)=(선분 ㄱㄴ)=18(cm)이고
둘레의 길이는 54 cm이므로
(선분 ㄱㅅ)+(선분 ㄴㄷ)=$54-36=18$(cm)
(선분 ㄱㅅ)=(선분 ㄴㄷ)이므로
(선분 ㄱㅅ)=9(cm)입니다.
(사다리꼴 ㄱㄴㄷㅁㅂ의 둘레)
$= 18 + 9 + 36 + 18 + 18 + 9 = 108$(cm)
입니다.

21 ㉮$-$㉯$= 10\frac{1}{8} = \frac{81}{8}$, ㉮$+$㉯$= 13\frac{7}{8} = \frac{111}{8}$
(㉮의 분자)$= (81 + 111) \div 2 = 96$
따라서 $\frac{96}{8} = 12$입니다.

22

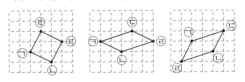

삼각형 ㄱㄴㅁ이 이등변삼각형이므로 삼각형 ㄱㅁㄹ도 이등변삼각형입니다.
(각 ㄴㅁㄹ)
$=$(각 ㄱㅁㄴ)$+$(각 ㄱㅁㄹ)
이므로
이등변삼각형의 양 끝각의 합과 같습니다.
따라서 $180° - 45° = 135°$입니다.

23 0부터 9까지의 수 중에서 ㉠$+$㉡이 11이 되는 경우는 다음과 같습니다.
$(2, 9), (3, 8), (4, 7), (5, 6), (6, 5),$
$(7, 4), (8, 3), (9, 2)$
이 중에서 34.435보다 크고 34.5보다 작은 소수 세 자리 수가 되는 경우는
34.438, 34.447, 34.456, 34.465, 34.474,
34.483, 34.492로 모두 7개입니다.

24 다음과 같이 3개의 평행사변형이 만들어집니다.

㉠, ㉡, ㉢ - 주어진 세 점, ㉣ - 나머지 한 점

25 마름모에서 이웃하는 두 각의 크기의 합은 180°이므로
(각 ㅂㄹㄷ)=(각 ㅂㅁㄷ)
　　　$= 180° - 125° = 55°$입니다.

삼각형 ㅁㅂㄷ에서

(각 ㅁㄷㅂ)=180°−85°−55°=40°입니다.

(각 ㅁㄷㄴ)=125°−40°−40°=45°이고

(각 ㄴㅅㄷ)=180°−45°−55°=80°이므로

(각 ㄴㅅㅁ)=180°−80°=100°입니다.

삼각형 ㄱㅇㅂ에서

(각 ㄱㅂㅇ)=180°−85°−85°=10°이고

(각 ㄱㅇㅂ)=180°−125°−10°=45°입니다.

(각 ㄱㅇㅁ)=180°−45°=135°이므로

각 ㄴㅅㅁ의 크기와 각 ㄱㅇㅁ의 크기의 차는

135°−100°=35°입니다.

26 $\dfrac{7}{15}$ ■ $\dfrac{2}{15}$ = $\dfrac{7}{15}$ ▲ $\left(\dfrac{7}{15} ▲ \dfrac{2}{15}\right)$

$① = \dfrac{7}{15} + \left(\dfrac{7}{15} + \dfrac{2}{15}\right) = \dfrac{16}{15}$

$② = \dfrac{7}{15} + \left(\dfrac{7}{15} + \dfrac{16}{15}\right) = \dfrac{30}{15} = 2$

27 (1) 오른쪽과 같은 직각을 한 각으로 가지는 직각삼각형은 모두 12개입니다.

(2) 오른쪽과 같은 직각을 한 각으로 가지는 직각삼각형은 각각 2개씩 찾을 수 있으므로 모두 10개입니다.

따라서 (1)과 (2)에서 모두 22개 찾을 수 있습니다.

28 일의 자리 숫자의 합에서 A+C는 10을 넘지 않으므로 A, B, C, D 중 가장 큰 숫자를 나타내는 것은 D입니다.

또한 B+B=D이므로 D는 짝수입니다.

$$\begin{array}{r} 1.23 \\ +\ 3.21 \\ \hline 4.44 \end{array} \qquad \begin{array}{r} 3.21 \\ +\ 1.23 \\ \hline 4.44 \end{array} \qquad \begin{array}{r} 1.35 \\ +\ 5.31 \\ \hline 6.66 \end{array}$$

$$\begin{array}{r} 5.31 \\ +\ 1.35 \\ \hline 6.66 \end{array} \qquad \begin{array}{r} 2.34 \\ +\ 4.32 \\ \hline 6.66 \end{array} \qquad \begin{array}{r} 4.32 \\ +\ 2.34 \\ \hline 6.66 \end{array}$$

$$\begin{array}{r} 1.47 \\ +\ 7.41 \\ \hline 8.88 \end{array} \qquad \begin{array}{r} 7.41 \\ +\ 1.47 \\ \hline 8.88 \end{array} \qquad \begin{array}{r} 2.46 \\ +\ 6.42 \\ \hline 8.88 \end{array}$$

$$\begin{array}{r} 6.42 \\ +\ 2.46 \\ \hline 8.88 \end{array} \qquad \begin{array}{r} 3.45 \\ +\ 5.43 \\ \hline 8.88 \end{array} \qquad \begin{array}{r} 5.43 \\ +\ 3.45 \\ \hline 8.88 \end{array}$$

➡ 12가지

29 선분 ㄴㄹ과 선분 ㄷㅁ이 서로 평행하므로

(각 ㄴㄹㄷ)=80°이고,

삼각형 ㄴㄹㄷ은 이등변삼각형이므로

(각 ㄹㄴㄷ)=(각 ㄹㄷㄴ)

$\qquad\qquad = (180°−80°) \div 2$

$\qquad\qquad = 50°$입니다.

따라서 (각 ㄱㄴㄹ)=180°−50°=130°이고,

삼각형 ㄴㄱㄹ이 이등변삼각형이므로

(각 ㄴㄱㄹ)$= (180°−130°) \div 2$

$\qquad\qquad = 25°$입니다.

30

3가지   3가지

2가지   1가지

01	4	02	④	03	10
04	24	05	52	06	②
07	21	08	850	09	16
10	②	11	45	12	19
13	13	14	33	15	8
16	46	17	③	18	468
19	128	20	155	21	18
22	100	23	75	24	59
25	108	26	150	27	72
28	111	29	43	30	35

01 $\dfrac{5}{8} + \dfrac{7}{8} = \dfrac{12}{8} = 1\dfrac{4}{8}$

02 ①, ②, ③, ⑤ ➡ $\dfrac{6}{13}$

    ④ ➡ $1\dfrac{6}{13}$

03 $\dfrac{7}{15} + \dfrac{4}{15} = \dfrac{11}{15} > \dfrac{\square}{15}$

    ➡ $\square = 1, 2, 3, \cdots, 10(10개)$

04 나머지 한 각의 크기는 $180° - 60° - 60° = 60°$
이므로 정삼각형입니다.

    ➡ $8 + 8 + 8 = 24(\text{cm})$

05 이등변삼각형 ㄱㄷㄹ에서
(각 ㄱㄹㄷ)=(각 ㄷㄱㄹ)=32°이고
(각 ㄱㄷㄹ)=$180° - 32° - 32° = 116°$입니다.
이등변삼각형 ㄱㄴㄷ에서
(각 ㄱㄷㄴ)=$180° - 116° = 64°$이므로
(각 ㄴㄱㄷ)=$180° - 64° - 64° = 52°$입니다.

06 직사각형은 네 각이 모두 직각인 사각형입니다.

07

$$\begin{array}{r} {\scriptstyle 1\ \ 1} \\ 7\ \boxed{ㄱ}.6 \\ +\quad 5.\boxed{ㄴ}\,2 \\ \hline \boxed{ㄷ}\,1.4\,2 \end{array}$$

$6 + \boxed{ㄴ} = 14$, $\boxed{ㄴ} = 8$
$1 + \boxed{ㄱ} + 5 = 11$, $\boxed{ㄱ} = 5$
$1 + 7 = \boxed{ㄷ}$, $\boxed{ㄷ} = 8$

    ➡ $5 + 8 + 8 = 21$

08 $2.53 - 1.68 = 0.85(\text{km}) = 850(\text{m})$

09 앞의 수와 뒤의 수의 차를 알아보면
$7.27 - 7.12 = 0.15$, $7.12 - 6.97 = 0.15$입니다.
따라서 $6.97 - 0.15 = 6.82$에서
㉠=6, ㉡=8, ㉢=2이므로
㉠+㉡+㉢=$6 + 8 + 2 = 16$입니다.

10 두 직선이 직각으로 만날 때, 서로 수직이라고
합니다.

11 평행사변형은 이웃하는 두 각의 크기의 합이
180°이므로 (각 ㄹㄷㅂ)=$180° - 135° = 45°$입
니다.
직사각형은 네 각의 크기가 90°이므로
(각 ㄴㄷㄹ)=90°이고
한 직선이 이루는 각의 크기는 180°이므로
㉠=$180° - 45° - 90° = 45°$입니다.

12 직선 가와 직선 나 사이의 거리는 14 cm이고,
직선 나와 직선 다 사이의 거리는 5 cm이므로
직선 가와 직선 다 사이의 거리는
$14 + 5 = 19(\text{cm})$입니다.

13 뺄셈식에서 계산 결과가 가장 크려면 빼는 수
는 가장 작아야 합니다.
$11 - 3\dfrac{5}{11} = 10\dfrac{11}{11} - 3\dfrac{5}{11} = 7\dfrac{6}{11}$

    ➡ ㉠+㉡=$7 + 6 = 13$

14 $\dfrac{4}{9} + \dfrac{\square}{9} = \dfrac{4 + \square}{9} > \dfrac{36}{9}$

    $\square$ 안에는 32보다 큰 수가 들어가야 합니다.
따라서 가장 작은 자연수는 33입니다.

15

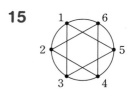

예각삼각형은 1-3-5,
2-4-6으로 2개입니다.

둔각삼각형은 1-2-6,
1-2-3, 2-3-4,
3-4-5, 4-5-6,
1-6-5로 모두 6개입니다.
따라서 예각삼각형과 둔각삼각형의 개수의 합은
$2 + 6 = 8(개)$입니다.

16 (각 ㅂㄹㅁ)=180°−102°=78°이므로
(각 ㅁㅂㄹ)=180°−28°−78°=74°이고
(각 ㄱㅂㄴ)=(각 ㅁㅂㄹ)=74°입니다.
(각 ㅂㄱㄴ)=180°−(74°+74°)=32°이고
삼각형 ㄱㄹㄷ에서
(각 ㄱㄹㄷ)=180°−(102°+32°)=46°입니다.

17 십의 자리 숫자를 비교해 보면 ①은 1, ②는 2,
③은 3, ④는 2, ⑤는 3이므로 가장 큰 소수를
찾으려면 ③과 ⑤를 비교하면 됩니다.
③의 □ 안에 0을 넣고, ⑤의 □ 안에 9를 넣어도
소수 첫째 자리 숫자가 ③이 ⑤보다 크므로 가장
큰 소수는 ③입니다.

18 (전체 길이)
=(0.96+0.96+0.96+0.96+0.96)
  −(0.03+0.03+0.03+0.03)
=4.68(m)
➡ 4.68×100=468

19 선분 ㄱㄹ과 선분 ㄴㄷ은 서로 평행합니다.
따라서 각 ㅇㄴㄷ의 크기는 56°이고,
(각 ㄴㅇㄷ)=180°−(56°+72°)=52°,
(각 ㄷㅇㄹ)=180°−52°=128°입니다.

20

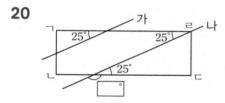

직선 가, 나와 변 ㄱㄹ, 변 ㄴㄷ이 각각 서로 평
행함을 이용합니다.
□=180°−25°=155°

21 $\frac{4}{15}+\frac{13}{15}=\frac{17}{15}$

$5\frac{4}{15}-2\frac{13}{15}=\frac{79}{15}-\frac{43}{15}=\frac{36}{15}$

따라서 □ 안에 들어갈 수 있는 분모가 15인 가

분수는 $\frac{18}{15}$, $\frac{19}{15}$, $\frac{20}{15}$, …, $\frac{35}{15}$이므로

모두 35−18+1=18(개)입니다.

22 (각 ㄱㄷㄹ)=180°−100°=80°이므로
(각 ㄴㄷㄹ)=80°+60°=140°입니다.
삼각형 ㄴㄷㄹ은 이등변삼각형이므로

(각 ㄷㄴㄹ)=(180°−140°)÷2=20°입니다.
따라서 (각 ㄴㅂㄷ)=180°−(20°+60°)=100°
입니다.

23 (㉮+㉯)+(㉯+㉰)+(㉮+㉰)
=(㉮+㉯+㉰)×2=150,
㉮+㉯+㉰=75

24

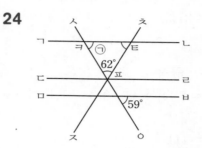

선분 ㄱㄴ과 선분 ㅁㅂ이 서로 평행하므로
㉠은 59°입니다.
(각 ㅋㅌㅍ)=180°−(59°+62°)=59°

25

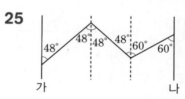

위의 그림과 같이 직선 가와 나에 평행한 보조
선을 그어 보면 ㉠=48°+60°=108°입니다.

26 (자연수 부분)=(1+2+…+9)×3
                      =45×3=135
(진분수 부분)=$\left(\frac{1}{10}+\frac{5}{10}+\frac{9}{10}\right)×10$

                      =$\frac{15}{10}×10=\frac{150}{10}=15$

➡ 135+15=150

27 오른쪽 그림과 같이
선분 ㄴㄷ을 연장하
면 평행선과 한 직선
이 만날 때 생기는
같은 쪽의 각의 크기
는 같으므로
(각 ㅁㄴㅂ)
=(각 ㄹㄷㅈ)=76°입니다.
(각 ㅂㄷㅅ)=180°−76°=104°이고
(변 ㄴㅂ)=(변 ㅂㄷ)=(변 ㄷㅅ)=(변 ㅅㄹ)
이므로 삼각형 ㄷㅂㅅ는 이등변삼각형입니다.

(각 ㄷㅅㅂ)=(180°−104°)÷2=38°,
(각 ㅂㅅㅇ)=180°−34°−38°=108°입니다.
평행사변형에서 이웃한 각의 합은 180°이므로
㉠=180°−108°=72°입니다.

28 규칙을 먼저 알아보면
5.4−2.69=2.71, 2.71−2.69=0.02
5.32−2.49=2.83, 2.83−2.49=0.34입니다.

①	②
③	④

➡ ①−②=③, ③−②=④의 규칙이므로

7.77−3.33=4.44, 4.44−3.33=1.11에서 ㉮=1.11입니다.
➡ ㉮×100=111

29 직선 가, 나에 평행한 보조선을 그어 주면
㉠=32°+•,
㉡=75°+• 이므로

㉡−㉠=(75°+•)−(32°+•)
=75°−32°=43°입니다.

30  ➡ 12개, ➡ 12개,

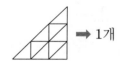 ➡ 5개, ➡ 5개,

➡ 1개

➡ 12+12+5+5+1=35(개)

01 10	**02** 12	**03** ③
04 ②	**05** 13	**06** 70
07 300	**08** 5	**09** 33
10 23	**11** 18	**12** 40
13 15	**14** 13	**15** 120
16 38	**17** 241	**18** 5
19 80	**20** 17	**21** 14
22 30	**23** 18	**24** 144
25 19	**26** 42	**27** 87
28 60	**29** 33	**30** 146

01 $1\frac{7}{9}+2\frac{8}{9}=4\frac{6}{9}$ ➡ 4+6=10

02 $8\frac{5}{8}+\square=15\frac{3}{8}$

$\square=15\frac{3}{8}-8\frac{5}{8}=14\frac{11}{8}-8\frac{5}{8}=6\frac{6}{8}$

➡ ㉠+㉡=6+6=12

03 ① $6\frac{5}{9}$ ② $6\frac{3}{9}$ ③ $7\frac{7}{9}$ ④ $6\frac{4}{9}$ ⑤ $5\frac{4}{9}$

➡ ③>①>④>②>⑤

06 이등변삼각형이므로 두 각의 크기가 같습니다.
$\square=(180°-40°)÷2=70°$

07 ㉠은 일의 자리 숫자이므로 9를 나타내고, ㉡은 소수 둘째 자리 숫자이므로 0.03을 나타냅니다.
0.03을 100배 하면 3이 되고 3을 3배 하면 9가 되므로 9는 0.03의 300배입니다.

08 0.01씩 커지는 규칙입니다.
4.96−4.97−4.98−4.99−5−5.01

09 (세로)=9.34−2.18=7.16(m)
따라서 직사각형의 둘레는
9.34+9.34+7.16+7.16=33(m)입니다.

11

(각 ㄱㅇㅂ)
=180°−(72°+90°)
=18°

12 (각 ㄴㄷㄹ)=$(360° - 72° - 72°) ÷ 2$
$= 108°$
(각 ㄱㄷㄹ)=$108° - 68° = 40°$

13 $2\frac{2}{9} = \frac{20}{9}$이므로 $4 + \square$는 20보다 작아야 합니다.
따라서 □ 안에 들어갈 수 있는 수는 1부터 15까지 15개입니다.

14 $3\frac{5}{8} + 4\frac{7}{8} - 6\frac{1}{8} = 7\frac{12}{8} - 6\frac{1}{8}$
$= 1\frac{11}{8} = 2\frac{3}{8} (km)$
따라서 ㉠=2, ㉡=8, ㉢=3이므로
㉠+㉡+㉢=$2 + 8 + 3 = 13$입니다.

15 $6 × (18 + 2) = 6 × 20 = 120 (cm)$

16 (선분 ㄱㄷ)=12 cm이므로
(선분 ㄱㄹ)+(선분 ㄷㄹ)
$= 26 - 12 = 14 (cm)$입니다.
(색칠한 도형의 네 변의 길이의 합)
=(선분 ㄱㄴ)+(선분 ㄴㄷ)+(선분 ㄱㄹ)
　+(선분 ㄷㄹ)
$= 12 + 12 + 14 = 38 (cm)$

17
가영 ┣──── 1.24 m ────┫
한초 ┣────────────┫ 0.04 m
동민 ┣──────────┫ 0.15 m
가장 큰 사람 : 한초, 가장 작은 사람 : 동민
$(1.24 + 0.04) + (1.24 + 0.04 - 0.15)$
$= 2.41 (m)$
➡ 2.41 m $= 241$ cm

18 소수 둘째 자리 : $\square + 7 = 11$, $\square = 4$
소수 첫째 자리 : $1 + 8 + \square = 18$, $\square = 9$
일의 자리 : $1 + \square + \square = 6$에서 $\square + \square = 5$이므로 $2 + 3 = 5$ 또는 $3 + 2 = 5$
따라서 □ 안에 들어갈 수 없는 숫자는 5입니다.

19
가 〈30°〉〈30°〉〈50°〉
나 〈130°〉〈50°〉
직선 가에 평행한 점선을 그으면
(각 ㉠)=$30° + 50° = 80°$
입니다.

20 도형 1개짜리 : 2개, 도형 2개짜리 : 5개,
도형 3개짜리 : 4개, 도형 4개짜리 : 3개,
도형 5개짜리 : 2개, 도형 6개짜리 : 1개
➡ $2 + 5 + 4 + 3 + 2 + 1 = 17$(개)

21 두 대분수의 분모가 같으므로 분모는 8이 되고, 분수의 분자의 합과 분모가 같아야 자연수 1이 되므로 분자의 합이 8이 되는 두 수 3, 5가 분자가 되어야 합니다.
따라서 $\left(4\frac{3}{8}, 9\frac{5}{8}\right)$ 또는 $\left(9\frac{3}{8}, 4\frac{5}{8}\right)$가 되는데 어느 경우에나 합은 14가 됩니다.

22 (변 ㄴㄹ)=(변 ㄹㅅ)이므로
삼각형 ㄹㄴㅅ은 이등변삼각형입니다.
(각 ㄴㄹㅅ)=$60° + 90° = 150°$이므로
(각 ㄹㅅㄴ)=$(180° - 150°) ÷ 2 = 15°$입니다.
따라서 ㉠=$90° - 15° = 75°$입니다.
사각형 ㅇㅁㅂㅅ의 네 각의 크기의 합은 $360°$이므로 ㉡=$360° - 90° - 90° - 75° = 105°$입니다.
따라서 ㉠과 ㉡의 각의 크기의 차는
$105° - 75° = 30°$입니다.

23 (늑대)+(표범)=83.02 kg
(표범)+(하이에나)=80.23 kg
(늑대)+(하이에나)=81.23 kg이므로
(늑대)+(표범)+(표범)+(하이에나)
　+(늑대)+(하이에나)
$= 244.48 (kg)$입니다.
따라서 (늑대)+(표범)+(하이에나)의 무게는 244.48 kg의 반인 122.24 kg입니다.
(하이에나)=$122.24 - 83.02 = 39.22 (kg)$
(늑대)=$122.24 - 80.23 = 42.01 (kg)$
(표범)=$122.24 - 81.23 = 41.01 (kg)$
따라서 가장 무거운 동물과 가장 가벼운 동물의 무게의 차는 $42.01 - 39.22 = 2.79 (kg)$이므로 ㉠+㉡+㉢=$2 + 7 + 9 = 18$입니다.

24
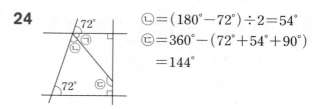
㉡=$(180° - 72°) ÷ 2 = 54°$
㉢=$360° - (72° + 54° + 90°)$
$= 144°$

25 바르게 계산한 결과를 ㉠㉡.㉢㉣이라 하면

$$
\begin{array}{r}
㉠\,㉡\,.\,㉢\,㉣ \\
-\quad\ \ ㉠\,㉡\,.\,㉢\,㉣ \\
\hline
2\,8\,2\,5\,.\,4\,6
\end{array}
$$

㉢=5, ㉣=4이므로 ㉠=2, ㉡=8입니다.
따라서 바르게 계산한 결과는 28.54입니다.
➡ 2+8+5+4=19

26

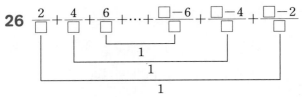

=10입니다.
각 쌍마다 합이 1이고 10이 되려면 10쌍이 있
어야 하므로 더한 분수의 개수는 20개입니다.
분자는 2부터 연속되는 짝수이므로 20번째 짝
수가 □−2입니다.
□−2=2×20에서 □=42입니다.

27 (각 ㄱㄷㄴ)+(각 ㄱㄷㄹ)=180°이고
(각 ㄱㄷㄴ)=(180°−3°)÷3+3°
          =59°+3°=62°입니다.
삼각형 ㄱㄴㄷ이 이등변삼각형이므로
(각 ㄴㄱㄷ)=180°−62°−62°=56°입니다.
삼각형 ㄱㄷㄹ이 이등변삼각형이므로
(각 ㄱㄷㄹ)=180°−62°=118°,
(각 ㄷㄱㄹ)=(180°−118°)÷2=31°입니다.
➡ (각 ㄴㄱㄹ)=(각 ㄴㄱㄷ)+(각 ㄷㄱㄹ)
           =56°+31°=87°

28 영수와 정태가 한 걸음씩 걸었을 때 각각 걸은
거리의 합은 0.83+0.77=1.6(m)이고,
호수의 둘레는 1.6 km=1600 m이므로 영수
와 정태가 각각 1000걸음씩 걸으면 처음으로
만나게 됩니다.
(영수가 걸은 거리)=(0.83 m의 1000배)
                =830 m
(정태가 걸은 거리)=(0.77 m의 1000배)
                =770 m
(영수와 정태가 걸은 거리의 차)
=830−770=60(m)

29 작은 삼각형 2개로 된 것 : 9개
작은 삼각형 3개로 된 것 : 12개
작은 삼각형 4개로 된 것 : 6개
작은 삼각형 5개로 된 것 : 3개
작은 삼각형 8개로 된 것 : 3개
따라서 모두 9+12+6+3+3=33(개)입니다.

30 보기에서 규칙에 따라
각 칸이 나타내는 수를
알아보면 오른쪽과 같습
니다.

2.56	0.32	0.04
1.28	0.16	0.02
0.64	0.08	0.01

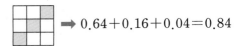 0.64+0.16+0.04=0.84

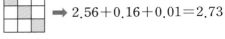 2.56+0.16+0.01=2.73

1.28+0.64+0.16+0.02+0.01
=2.11

➡ 0.84+2.73−2.11=1.46
➡ 1.46×100=146

Memo

Memo

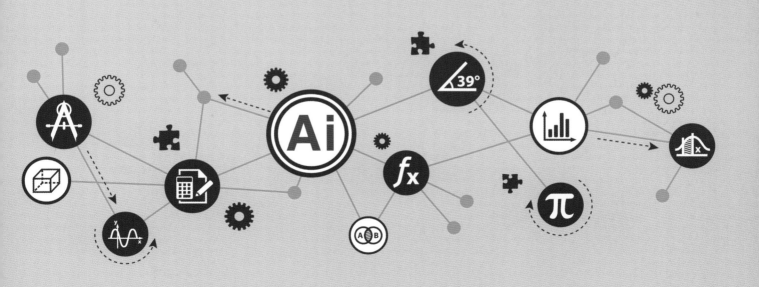

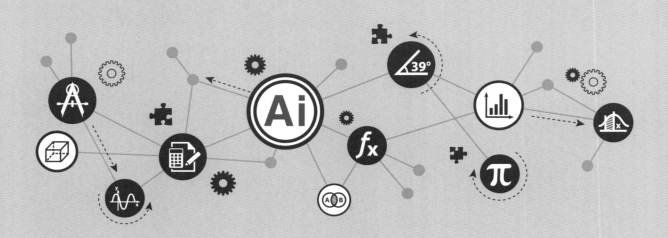